Yoshika Oniki-Willis
Edwin O. Willis

Coleção de artigos de Edwin O. Willis e Yoshika Oniki-Willis

Yoshika Oniki-Willis
Edwin O. Willis

Coleção de artigos de Edwin O. Willis e Yoshika Oniki-Willis

ScienciaScripts

Cover image: www.ingimage.com

This book is a translation from the original published under ISBN 978-620-2-01355-0.

Publisher:
Sciencia Scripts
is a trademark of
Dodo Books Indian Ocean Ltd. and OmniScriptum S.R.L publishing group

120 High Road, East Finchley, London, N2 9ED, United Kingdom
Str. Armeneasca 28/1, office 1, Chisinau MD-2012, Republic of Moldova, Europe
Printed at: see last page
ISBN: 978-620-7-67964-5

ÍNDICE DE CONTEÚDOS

Dedicação

Yoshika Oniki-Willis dedica este livro à sua família, especialmente a Elliot Willis De Cao, cujo sorriso encantador e companhia aqueceram os seus dias em Itália, e a todos os que a ajudaram a realizar este trabalho.

Prefácio

Em 1966, eu estava há poucos meses em Belém, Estado do Pará, Brasil, para iniciar meu projeto de estudos de aves seguidoras de formigas, quando encontrei, de imediato, todo um grupo de cientistas famosos que eu conhecia apenas pelo nome nos livros, como Helmut Sick, Paul Slud, Eugene Odum, Philip S. Humphrey durante o encontro da Biota Amazônica, e caminhei pelas florestas mostrando-lhes nossa área de estudo e projetos. Fiquei, portanto, muito honrado por tê-los conhecido pessoalmente, e gostei muito das conversas e discussões sobre meus próprios projetos.

Em 1967, um ornitólogo norte-americano, Edwin O. Willis, foi trazido do Panamá para Belém, para me ensinar a capturar aves e a colori-las, de modo a que as aves individuais pudessem ser reconhecidas no campo, uma técnica que melhoraria muito as minhas observações.

Em 1968, fui para os Estados Unidos estudar na Universidade do Kansas, onde obtive meu mestrado em Ecologia e Sistemática usando o conjunto de dados que coletei durante dois anos correndo atrás das formigas do exército e das aves que as seguiam, e casei-me com E. O. Willis, tudo em 1970. Nós, então, trabalhamos por mais de 43 anos no campo estudando aves brasileiras. Durante esse período, em 1997, fundamos uma Organização Não Governamental (ONG) chamada Instituto de Estudos da Natureza, Rua 2 no. 2272, Centro, CEP 13.500-153 Rio Claro, São Paulo, Brasil; *Email*: ewillis@rc.unesp.br) para facilitar o financiamento de nossos estudos de campo. Após quase 45 anos, a parte dos votos matrimoniais que diz "até que a morte nos separe" se concretizou e meu marido faleceu após uma doença muito longa. É, portanto, sob este endereço que publico os nossos trabalhos.

Este livro é uma coleção de alguns dos nossos trabalhos, pelo menos seis dos trabalhos de E. O. Willis que eu reuni a partir dos rascunhos que ele deixou inacabados. Em sua honra e no seu esforço incessante para compreender e proteger as aves que ele tanto amava.

Yoshika Oniki-Willis, Itália, 8 de agostoth 2017

RECONHECIMENTOS

Houve alturas em que duvidei que este livro pudesse ser concluído devido à minha falta de conhecimentos em muitas áreas. Embora sejam feitos os devidos agradecimentos em cada artigo, são devidos agradecimentos especiais às pessoas que foram indispensáveis para a conclusão deste livro. A Michelle M. Willis, nossa companheira de campo durante a infância, que agora ajudou a adicionar as fotografias ao artigo, cujo incentivo para continuar me impulsionou, a Johan Ingels que revisou os artigos e esteve sempre presente, e a Fabio Akashi Hernandes que generosamente doou seu tempo e seu conhecimento para me ajudar sempre que precisei de um amigo e, por último, mas não menos importante, sou grato a Lucia Jardan que me iniciou nesta aventura. Aos muitos outros amigos que estiveram ao meu lado dando-me força para continuar os trabalhos do meu falecido marido, muito obrigada de coração.

INTRODUÇÃO

Os seis primeiros artigos foram escritos por E. O. Willis: os três primeiros artigos foram a conclusão a que ele chegou estudando livros e esqueletos de vertebrados para suas aulas de zoologia. Os dois trabalhos seguintes apresentam os resultados de seus estudos em matas não muito distantes de Rio Claro, e que ele podia visitar com freqüência (Itirapina e Fazenda São José). Rio Claro é a cidade onde fixamos nossa residência, depois que ele foi nomeado professor da Universidade Estadual Paulista "Julio de Mesquita Filho", em 1982. No sexto artigo, E. O. Willis enfatiza a necessidade de corredores naturais para manter os movimentos dos animais e a biodiversidade.

Os dois últimos artigos já tinham sido publicados em 1982 em português, mas os manuscritos estavam misturados, o que dificultou muito a sua compreensão. Assim, apresentamos aqui uma versão em inglês dos mesmos.

1. SOBRE AS ORIGENS SOMBRIAS DO BIPEDALISMO E DA ENDOTERMIA NAS AVES

EDWIN O. WILLIS

Resumo. O bipedalismo ereto evoluiu provavelmente nos arcossauros porque estes foram para zonas arborizadas, em contraste com os tetrápodes de zonas abertas e baixas. As aves surgiram assim na sombra fresca, sem luz solar para se aquecerem, a não ser que subissem às árvores, e acabaram por se tornar endotérmicas. As penas de base estreita e com ramificações protectoras podem ter surgido das escamas dos diapsídeos como "penugem" para aquecer ou como "plumas" para planar ou bater asas. Os dedos traseiros indicam vida arbórea mesmo antes do *Archaeopteryx.*

Palavras chave: *Arquossauros, bipedalismo, endotermia, penas, dedos posteriores, Triássico, florestas.*

As origens do bipedalismo e da endotermia nas aves ou nos seus antepassados são raramente discutidas, mesmo em artigos sobre as origens das aves (Prum 2002, Feduccia 2002). Neste artigo, sugiro que o bipedalismo e a endotermia das aves surgiram provavelmente à sombra de zonas arborizadas.

Sabe-se que as aves são arcossauros, e não lepidosauros, entre os amniotas diapsídeos escamosos. (As escamas provavelmente não existiam na linhagem dos mamíferos, apenas como uma autapomorfia nos diapsídeos; Romer e outros, Mayr & Bock (2002), por exemplo, não oferecem evidências de escamas de beta-queratina verdadeiras pré-mamíferas, que teriam interferido na evolução das glândulas mamárias). Os lepidossauros (lagartos, cobras, anfisbenas, tuataras) raramente desenvolveram o bipedalismo ou a endotermia, embora alguns lagartos corram curtas distâncias sobre duas patas (espécies de *Basiliscus* na água) e as pitões "tremam" para aquecer os seus ovos.

A maioria dos primeiros arcossauros, no entanto, era bípede (Zhang *et al.* 2002), embora os Crocodylia se tenham tornado quadrúpedes quando regressaram à água (Dodson 2003) e os dinossauros saurópodes tenham regressado a formas quadrúpedes quando eram grandes (Yates & Kitching 2003). Os crocodilos e as aves (provavelmente também os dinossauros) perderam o sistema vomeronasal da maioria dos tetrápodes (Eisthen 1997), provavelmente porque (como nos macacos do Velho Mundo) as suas cabeças eram altas e não conseguiam cheirar os odores baixos e pesados utilizados por este sistema. As tartarugas (Chelonia) são quadrúpedes, provavelmente arcossauros (De Beer 1937, um estudo ignorado pelo influente grupo de Romer em Harvard; os estudos mais recentes indicam a origem arcossauro, embora alguns indiquem a origem lepidossauro), mas ou são primitivamente assim ou desceram na água.

A única razão provável para que os pequenos arcossauros primitivos se tornassem erectos e bípedes é o facto de se encontrarem em áreas arborizadas ou de matagal denso. Podiam erguer-se sobre as patas traseiras para apanhar artrópodes ou outros alimentos acima do solo, para olhar em volta ou nas bordas, para trepar um pouco e fugir de ataques de lepidosauros baixos e outros predadores, e para caminhar estreitamente entre troncos densos. Como se refere mais adiante, podiam também procurar a luz do sol ao nível superior para se aquecerem. Os pés ficavam debaixo do corpo, ao contrário dos primeiros tetrápodes e lepidosauros que andavam com os pés espalhados em zonas abertas e soalheiras. As zonas de água doce eram frequentemente rodeadas de vegetação rasteira, como hoje, e o regresso à água teria sido fácil para os crocodilos (ou mesmo para as tartarugas). Quer as aves tenham surgido dos primeiros arcossauros ou dos dinossauros do grupo, elas teriam sido bípedes em áreas densamente arborizadas. *O Archaeopteryx* estava perto de áreas arborizadas (Long *et al.* 2003).

As aves antes do *Archaeopteryx* eram certamente arborícolas. Todas as aves têm o primeiro dedo para trás em cada pé, uma adaptação para se empoleirar em membros horizontais acima do solo. A perda do polegar nas aves (Feduccia & Nowicki 2002) pode até estar relacionada com a dificuldade genética/ecológica do movimento do polegar para trás. As garras nas asas do *Archaeopteryx* poderiam ter ajudado a subir, mas antes poderiam ter sido usadas para agarrar presas acima do solo. As avestruzes e outras aves que voltaram ao solo, ou os patos e outros que se deslocaram para a água, muitas vezes perdem ou reduzem o primeiro dedo do pé.

Os primatas, camaleões e outros habitantes das árvores moviam por vezes o primeiro dedo do pé ou dois dedos do pé para fora para caminharem sobre os ramos das árvores. Subir aos troncos é uma razão menos provável, mas um dedo traseiro que agarra também pode ter ajudado a subir os troncos com as palmas das mãos (Dial 2003). Os ornitólogos do Norte costumavam pensar que os pica-paus colocavam um dedo adicional para trás para agarrar os troncos das árvores, mas normalmente não sabiam que os Piciformes tropicais que raramente trepam têm dois dedos para trás para se empoleirarem nos membros horizontais: jacamares, papagaios, tucanos, barbudos. Os trogões tropicais empoleirados colocam o segundo dedo do pé para trás (heterodactilia) e não o quarto dedo do pé (zigodactilia) como os Piciformes empoleirados ou os cucos (Cuculiformes) ou os papagaios (Psittaciformes). Bock & Miller (1959) corrigiram há muito tempo a tendência estatisticamente incorrecta para o norte, estudando pica-paus, mas a ideia ainda aparece em alguns livros didácticos (Pough *et al.* 2001). Posso confirmar a nota de Bock & Miller de que os dedos 1 e 4 têm de se deslocar lateralmente, e não para trás, para agarrar o tronco, em *Campephilus* sp.; também notei *Veniliornis* sp. com os dedos 1 e 4 para fora aqui.

A endotermia teria sido valiosa na floresta porque os animais noturnos (mamíferos primitivos) ou outros animais que vivem na sombra não conseguem aquecer-se ao sol. Os lepidossauros estavam em áreas abertas e podiam aquecer-se mais facilmente. Nos matagais, os arcossauros podiam levantar-se para procurar a luz do sol, ou subir para os membros superiores para o fazer. A evolução das penas poderia ter retido o calor, uma vez que as primeiras penas de "penugem" talvez não tivessem um ráquis central, bárbulas laterais e hamuli utilizados no voo (a não ser que os padrões de ramificação se tenham desenvolvido para proteger as penas do raspar da vegetação). Segundo os autores mais recentes, o voo ter-se-ia desenvolvido nos membros das árvores, como uma utilização adicional destas primeiras "escamas emplumadas".

É possível, no entanto, que as penas primitivas fossem escamas de voo alongadas, reforçadas ou protegidas por ráquis e farpas laterais, e que as penas de penugem se tenham desenvolvido mais tarde para a endotermia, em vez de se terem originado para esta função. Homberger & Silva (2000) observaram que as penas têm músculos em baixo e em cima, talvez para as baixar quando planam ou batem as asas entre os membros. Lingham-Soliar (2003) e outros suspeitam que as "penas" registadas em vários arcossauros não aviários podem ser meras escamas dobradas. As bases estreitas das penas poderiam servir para as mover durante o voo, ou para deixar ar quente junto ao corpo; ainda não sabemos se as penas de penugem ou de voo surgiram primeiro.

As baixas temperaturas à sombra poderiam ter produzido cuidados com os ovos e ninhos nos arcossauros pré-avianos, em contraste com a falta de cuidados nos lepidosauros de área aberta. Os ovos ter-se-iam desenvolvido lentamente, com mais predação. Assim, enterrar ou ficar à volta da ninhada poderia ter protegido os ovos ou ajudado a aumentar a temperatura com folhas em decomposição, como nos jacarés. Tal como sugerido por Dial (2003), os ninhos estariam no chão e as aves primitivas que viviam em árvores teriam de descer, talvez aumentando a necessidade de correr com as asas para regressar a níveis mais elevados.

Farmer (2003) defende a evolução da endotermia para incubar ovos ou reproduzir-se mais rapidamente, o que seria uma vantagem posterior e não a razão inicial. Caso contrário, os lepidosauros, frequentemente vivíparos, teriam desenvolvido a endotermia várias vezes. Os vertebrados vivíparos são frequentemente de sangue frio: tubarões, peixes, anfíbios, lagartos. Podem transportar os seus embriões para locais quentes, nomeadamente para locais ensolarados não disponíveis na floresta. A falta de viviparidade nos arcossauros tem atraído menos atenção do que a evolução múltipla nos lepidossauros, ou a evolução nos mamíferos. As aves teriam dificuldade em voar com embriões, mas não os crocodilos ou os dinossauros. O mais provável é que as cascas dos ovos dos arcossauros ajudassem a evitar a predação num local com sombra, e a albumina ajudasse a evitar a secagem durante os longos períodos de incubação na sombra fresca. Estas estruturas bloquearam então a evolução ocasional da viviparidade, que também teria sido inútil sem o sol para aquecer a mãe (exceto que ela poderia ter-se mudado para um local longe dos predadores).

A endotermia teria aumentado a velocidade em climas frios, mas também na floresta. A evolução é sobretudo tropical, em zonas arborizadas, e os climas frios teriam sido invadidos mais tarde. A endotermia consome 10 vezes mais energia e alimentos, reduzindo drasticamente as populações, e seria muito difícil de evoluir em zonas pobres em alimentos fora dos trópicos ou das zonas arborizadas. Os mamíferos evoluíram para a endotermia, provavelmente porque eram noturnos e (tal como os arcossauros) não podiam aquecer-se ao sol. Evitar os predadores, e não aumentar a reprodução (os monotremados ainda têm ovos) ou obter mais alimento (as presas ainda têm sangue frio), foi a provável vantagem imediata dos mamíferos, uma vez que a nossa linhagem bamboleante foi quase exterminada pela evolução dos arquiossauros velozes no Triásico.

A evolução do bipedalismo noutros tetrápodes nem sempre está associada a bosques sombrios. As rãs saltam bipedalmente para a água nas proximidades, evitando os predadores. Os coelhos provavelmente saltam para a vegetação densa nas proximidades para evitar a predação. Os *bípedes* (Amphisbaenidae) têm os membros dianteiros imóveis, provavelmente para treparem à folhagem. Diz-se que os cangurus são bípedes porque as crias usam as patas dianteiras para trepar até às tetas da mãe. O bipedalismo humano é frequentemente discutido, com muitos dos primeiros autores a enfatizarem as modificações ocorridas nas savanas africanas nos últimos dois milhões de anos e a esquecerem a principal evolução anterior na sombra: as caudas foram perdidas para se pendurarem nas árvores através de longos membros dianteiros (braquiais); com longos membros dianteiros, a nossa linhagem tinha de andar com os nós dos dedos quando descia na floresta; andar bipedalmente era então mais eficiente mesmo na floresta (Begun 2003).

Mesmo os cientistas modernos estão sujeitos a preconceitos estatísticos, como aqueles que pensavam que os pica-paus se agarravam com os pés até Bock e Miller olharem. Vivemos em cidades abertas, ou em zonas agrícolas, cortando os sub-bosques e causando a perda de aves de sub-bosque (Miller *et al.* 2003), e favorecemos ideias que enfatizam a evolução humana nas savanas ou a evolução das aves terrestres fora dos bosques, ou fora dos trópicos. A proteção das florestas tropicais e de outras florestas ou matos pode ser ainda mais valiosa do que pensamos, quando a maioria de nós olha de zonas abertas fora dos trópicos, ou de salas artificialmente aquecidas. Publicação nº 61 do Instituto de Estudos da Natureza.

2 . AS AVES EM ÚLTIMO LUGAR: EVITAR OS ZIGUEZAGUES ZOOLÓGICOS

EDWIN O. WILLIS

AGRADECIMENTOS

Agradeço às bibliotecas locais de biologia e a Y. Oniki-Willis pela sua ajuda. Publicação n.º 62 do Instituto de Estudos da Natureza.

Os textos e cursos de Zoologia de Vertebrados normalmente colocam os primeiros ramos laterais antes dos posteriores. A única exceção é para os pré-mamíferos e mamíferos, que normalmente vão depois de ramos posteriores como as aves, causando um ziguezague abrupto (Fig. 1A). A Fig. 1B parece mais correcta, mas raramente é utilizada (exceto em publicações importantes de Brusca & Brusca [1990] e Carroll [1997]).

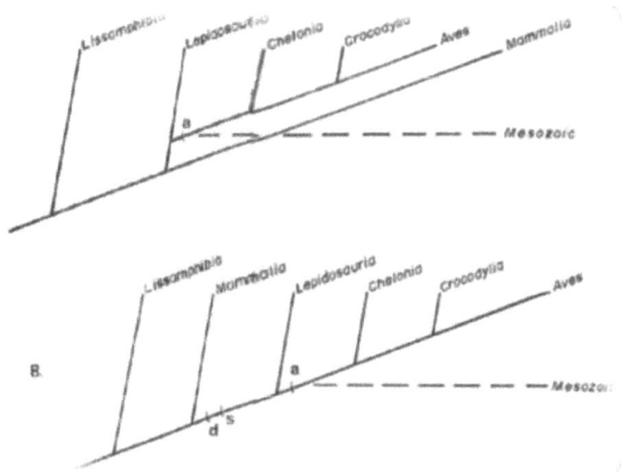

FIG. 1. (A) Filogenia habitual dos vertebrados terrestres. (B) Filogenia com as aves em último lugar (a-arcosauros, d-diapsídeos, s-escamas).

Aparentemente, a linhagem dos mamíferos é considerada mais "avançada" do que a linhagem irmã ramificada dos diapsídeos, que dá origem às aves, crocodilos, tartarugas e lepidossauros. As aves surgiram obviamente entre os arcossauros diapsídeos (crocodilos, dinossauros, provavelmente tartarugas). Considerou-se que o grupo parafilético "Reptilia" incluía mesmo os antepassados dos mamíferos, bem como dos diapsídeos, mas separou artificialmente as aves e os mamíferos. Modesto & Anderson (2004) sugerem que o nome seja utilizado para a linha dos diapsídeos, incluindo as aves, mas a maioria dos zoólogos confundirá as definições novas e antigas. Modesto e Anderson acrescentam vários outros nomes possíveis, como "Romeriida", com base em grupos laterais fósseis. No entanto, os nomes baseados em grupos laterais fósseis são instáveis, pois apenas os nomes baseados em dois ou mais grupos recentes podem ser verificados com estudos moleculares, comportamentais ou morfológicos completos.

Os mamíferos modernos são, de facto, diversos, desde as grandes baleias aos pequenos musaranhos, e têm pelo menos 5000 espécies. No entanto, os lagartos e as cobras têm mais de 7000 espécies e as aves mais de 10.000. Os grandes dinossauros estão atualmente extintos, mas os grandes mamíferos e aves recentes também estão ameaçados de extinção devido à caça ou disseminação humana. As aves diferem fortemente dos outros diapsídeos, pelo que os argumentos baseados na diversidade dos mamíferos não são convincentes.

Como todas as linhas têm caracteres novos (apomórficos) e antigos (plesiomórficos), não é claro porque é que os mamíferos são colocados à frente das aves. A viviparidade é considerada avançada, mas está ausente nos monotremados e presente nos tubarões e em muitos lagartos e cobras. A ausência nos arcossauros parece dever-se a cascas de ovos calcárias fortes (que protegem os ovos de desenvolvimento lento em zonas arborizadas sombrias?) e à presença de albumina (que evita a perda de humidade em ovos de desenvolvimento lento nas florestas?) (Willis MS). A endotermia é avançada, mas está presente tanto nas aves como nos mamíferos, provavelmente porque as aves estavam na sombra fresca da floresta (Bock & Bühler 1995), enquanto os mamíferos eram maioritariamente noturnos e frios depois de os arcossauros os terem começado a atacar no Mesozoico. Os primeiros membros de ambas as linhagens eram ou são ectotérmicos, alguns porque vivem ao ar livre ou na água, onde se podem aquecer ao sol.

Alguns mamíferos modernos têm agora pernas longas ou mesmo bípedes, com os pés debaixo do corpo em vez de se arrastarem. Os primatas de patas planas foram considerados avançados, mas atualmente são considerados mais primitivos do que os mamíferos com patas altas digitigradas ou unguligráficas. Os lepidosauros raramente são altos ou bípedes, mas os arcossauros tornaram-se altos e bípedes muito antes da nossa linhagem, provavelmente para apanhar sementes ou insectos acima do solo em zonas florestais, tal como os primeiros humanos (MS). Inventaram vários tipos de tornozelos intratársicos, ao contrário dos mamíferos modernos que mantiveram as antigas articulações extratársicas dos primeiros tetrápodes, mesmo quando não eram guligráficos.

Os mamíferos são certamente bem desenvolvidos nos seus dentes, maxilares e ouvidos. Dois ossos da mandíbula iam para o ouvido médio, ao contrário de outros tetrápodes, onde apenas entrava a columela (estribo). Como os primeiros mamíferos eram maioritariamente noturnos, desenvolveram bons sentidos de audição e olfato. No entanto, as aves e muitos diapsídeos desenvolveram a visão, e alguns ouvem ou cheiram bastante bem. Os morcegos conseguem ouvir sons agudos, mas as aves ouvem sons de baixa frequência tão bem como os elefantes. Os cérebros das aves permitem-lhes ouvir ou imitar sequências rápidas de sons melhor do que a maioria dos mamíferos. Os cérebros dos diapsídeos são mais desenvolvidos do que se pensava. Os estômagos de mamíferos como as vacas são mais avançados do que os nossos, mas as aves (talvez os crocodilos e os dinossauros, Varricchio 2001) têm uma moela que compensa a falta de dentes ou os dentes pouco desenvolvidos. As aves têm um sistema respiratório muito mais eficiente do que o nosso, pois só o ar rico em oxigénio que sai dos pulmões toca o sangue que o atravessa, pelo que podem respirar muito menos rapidamente do que nós (uma vez que não se perde oxigénio no sangue quando o ar sem oxigénio inverte o seu fluxo).

Alguns caracteres das aves e dos seus parentes parecem ter sido acidentalmente ou deliberadamente mal interpretados, para sugerir que os mamíferos não são primitivos. As escamas epidérmicas dos "répteis" e as penas das aves são avançadas, não primitivas. São de betaqueratina, bem como de alfa-queratina primitiva, e devem ter-se originado como um apomorfismo para se adaptarem a áreas secas após a separação da linha dos mamíferos. Apesar das breves notas de Carroll (1997) e Mayr & Bock (2002), não há evidências de que as escamas estivessem presentes nos pré-mamíferos ou nos primeiros diapsídeos (para além das escamas dérmicas dos peixes, perdidas depois de os tetrápodes terem saído da água, exceto nos casos em que se tornaram placas dérmicas por baixo da pele, como nas tartarugas ou nos crocodilos). As escamas teriam interferido com a evolução das glândulas mamárias e de outras glândulas cutâneas. Mesmo o nome "Lissamphibia" é enganador, pois formas escorregadias e sem escamas também estavam presentes na nossa linhagem de amniotas.

Uma segunda interpretação incorrecta é a das fenestras temporais, ou buracos no crânio atrás de cada olho. Os peixes e os primeiros tetrápodes não tinham fenestras, que se desenvolveram para dar espaço e apoio aos fortes músculos temporais que fecham a boca, necessários porque as presas podem saltar facilmente no ar (a água resiste ao salto). No entanto, nenhum autor atual (exceto Willis 2000) indica que uma fenestra em cada bochecha (mamíferos e alguns diapsídeos primitivos, Romer 1945 e Cisneros *et al.* 2004) deu provavelmente origem a duas. Os diapsídeos, com duas de cada lado (muitas vezes modificadas, o que talvez ajude a explicar a sua diversidade), são assim menos primitivos do que os mamíferos. De facto, os primeiros zoólogos fingiam que os mamíferos fundiam as duas fenestras de cada lado para formar uma ("sinapsídeos"). Este erro persiste apenas no nome Synapsida para a linha dos mamíferos, mas parece possível que os diapsídeos tenham tido origem numa linha sinapsídea. Ignorar cuidadosamente a possibilidade 0-1-2 parece "normal", mas não é.

Como há tantas personagens novas e antigas nos diapsídeos e nos mamíferos, não sei bem porque é que os mamíferos foram empurrados para um ziguezague à frente da linha das aves. Sei que gostamos que o nosso grupo esteja à frente. Os "primatas" só recentemente passaram para o meio dos grupos de mamíferos. Mesmo os "inteligentes" Corvidae são considerados modernos por alguns ornitólogos, embora a maioria coloque atualmente os mais diversos tentilhões e parentes à frente (listas da União Americana de Ornitólogos). Provavelmente estávamos a enfatizar os nossos caracteres quando colocámos os corvos à frente. Durante quase 100 anos, depois de Wallace e Darwin terem visitado os diversos trópicos e descoberto a evolução, fizemos "árvores de Natal" biológicas pontiagudas com os nossos parentes no topo. Certamente, foi preciso muito tempo para Copérnico, Galileu e outros mostrarem que não somos o centro do universo.

Assim, sugiro que evitemos o ziguezague invulgar e repentino que coloca os mamíferos à frente e que coloca as aves e os seus parentes diapsídeos à frente. A Figura 1B é mais simples e mais usual do que a Fig. 1A. Evitaríamos também as velhas visões homocêntricas da anatomia.

Eu sou a favor do sistema normal em que os primeiros ramos pequenos vão primeiro, mas Crisp & Cook (2005) criticam-no. No entanto, eles parecem ignorar os textos ou cursos unidimensionais quando chamam o sistema normal de "escada" e indicam o que eu chamaria de "ziguezague completo", no qual os primeiros ramos vão para a esquerda ou para a direita dos ramos posteriores. Será que colocariam as lampreias ou os peixes-cão em último lugar num curso de zoologia de vertebrados? Sugerem, de facto, que grupos igualmente ramificados podem ser os primeiros ou os últimos, e talvez eu possa concordar que os Actinopterygii, complexos e com 25 000 espécies, possam ser colocados à esquerda ou à direita dos nossos Sarcopterygii, complexos com 27 000 espécies. Estes últimos evoluíram para voar sobre zonas terrestres, e os primeiros para voar em águas profundas.

3 . ESTATÍSTICAS, GRINGOS E DEDOS DE PICA-PAU

EDWIN O. WILLIS

AGRADECIMENTOS

Agradeço a ajuda de W. Walankiewicz com as referências bibliográficas; Johan Ingels reviu uma versão anterior e Yoshika Oniki-Willis ajudou em muitos aspectos. Publicação n°. 63 do Instituto de Estudos da Natureza.

Fazia muito frio naquele último domingo de julho, observando pássaros seguindo formigas do exército num estreito trecho de mata ao longo da borda da Serra dos Padres, em São Paulo, embora eu estivesse a um grau ou mais dentro do Trópico de Capricórnio, no sudeste do Brasil. Observando a rodovia movimentada não muito longe, comecei a pensar como eu estava sozinho, e aqueles carros e caminhões estavam "juntos". Mas será que o número é importante? Milhares visitando parentes, num jogo de futebol ou num show musical? Ou, alguém contribuindo para o conhecimento?

Ainda havia formigas do exército naquele bosque estreito. Nenhuma das grandes formigas do exército *Eciton burchelli*, que localmente só parecem persistir em bosques com mais de 1.000 hectares, mas as pequenas *Labidus praedator* pretas estavam ocupadas mesmo com o frio. Quinze espécies de aves estavam a apanhar os insectos lançados pelas formigas, especialmente tordos e até um grande cuco esquilo (*Piaya cayana*), em números que não estão longe dos totais em bosques muito maiores. Mas nenhum dos especialistas em formigas da região, nem mesmo *Pyriglena leucoptera* (*Pyriglena leucoptera*), *Trichothraupis melanops* (*Trichothraupis melanops*) ou Dendrocolaptidae (Dendrocolaptidae), tinha sobrevivido neste bosque.

Nos últimos anos, os cientistas do Norte têm vindo a realçar o facto de as pequenas florestas ajudarem à sobrevivência, em vez de contabilizarem as perdas. Um único bosque grande pode por vezes ter um total de espécies inferior ao de vários bosques pequenos (debate "SLOSS"), embora os cientistas evitem falar de formigas *Eciton* ou de outras que não conseguem sobreviver em dezenas de pequenas áreas. As "metapopulações" são espécies que podem passar de um bosque para outro, recuperando espécies perdidas, embora as formigas Eciton não o possam fazer a não ser que se construam corredores. Um livro de um "ambientalista cético" de interior, publicado por uma importante editora universitária, chegou mesmo a ficar nervoso com o facto de os ambientalistas recomendarem corredores naturais que separassem as áreas humanas, exceto em passagens superiores ou inferiores, enquanto alguns cientistas de interior se preocupavam com as pragas e doenças que utilizavam os corredores.

Os gringos são nortenhos que já cantaram "green grow lilacs, oh" e incluem a maioria dos cientistas mais importantes do mundo verde. Os seus estudos parecem estar cheios de testes estatísticos e dados. Os cientistas latinos e outros cientistas tropicais são poucos e respeitam as múltiplas publicações do norte. É melhor para os cientistas latinos publicar numa revista do norte do que numa revista do sul de baixa circulação. Também há mais cientistas na Europa Ocidental do que na Europa de Leste.

Obviamente, há muitos cientistas nas cidades e poucos no exterior, no campo. Também é mais fácil verificar os parques da cidade do que os bosques densos, especialmente os bosques grandes ao início e ao fim do dia. Os estudantes e os caminhantes vão mais para "desporto" ou "música" do que para estudar "desportiva ou musicalmente" aves ou flores.

Infelizmente, os dois parágrafos anteriores levantam a questão da parcialidade nas estatísticas. Se ninguém estiver a verificar fora do parque da cidade ou do habitat local ou, pior ainda, se estiver a dançar numa sala com ar condicionado, podemos ver que muitos cientistas são tendenciosos. Aqui, registo alguns desses casos.

Cientistas polacos notaram recentemente que as aves do leste da Polónia, com mais habitats naturais e menos mesas de alimentação artificiais, não estão a seguir estudos importantes sobre as mesmas espécies na Europa Ocidental densamente povoada. Os chapins-reais (*Parus major*) não são tão comuns a leste e não matam ninhegos de outras espécies para se apoderarem dos seus ninhos (Walankiewicz & Mitrus 1997). Os papa-moscas que lutam com outras espécies nos pequenos bosques competitivos da Europa Ocidental não o fazem na Polónia (Walankiewicz 1991).

A Europa produziu a ideia de que as serpentes de corpo grosso e cabeça triangular são venenosas. Eles não conheciam pítons e jibóias gordas, mas não venenosas, nem cobras corais esguias e venenosas. Os corpos grossos e as cabeças triangulares não são para produzir veneno, que são usados para engolir presas grandes, mortas por constrição dos pulmões da presa ou por veneno (Shine 1996).

Mais interessante ainda é o facto de os pica-paus terem supostamente utilizado durante 100 anos os seus dedos zigodáctilos (1 e 4 para trás, 2 e 3 para a frente) para se agarrarem aos troncos. Os pica-paus eram tão bem criados, com bicos e crânios fortes e línguas longas e extensíveis, que eram exemplos de adaptação. Finalmente, há quase 50 anos, cientistas do norte filmaram e observaram os dedos dos pés do pica-pau (Bock & Miller 1959). Os dedos traseiros não eram utilizados, sendo o apoio dado pelos dois dedos da frente contra as penas pontiagudas da cauda. O dedo 1 era pequeno, atrapalhava a perna. O dedo 4 estava virado para fora, embora devesse estar virado para a frente. Assim, o pé de zigodáctilo era uma desvantagem, pois provinha da descendência de aves como os piculetos e os tucanos ou os barbos, que usavam o pé para se empoleirarem em segurança em cima de ramos horizontais.

Porque é que os cientistas do norte ignoraram (e nem sequer estudaram) o pica-pau de pé ruim durante tantos anos? O problema é que eles mal conheciam as aves tropicais de poleiros horizontais que têm dois dedos atrás - picuinhas, tucanos, barbets, puffbirds, jacamares, ou mesmo os trogons que têm os dedos 1 e 2 ao contrário ("heterodáctilos"). Quase não conheciam as corujas zigodáctilas, os papagaios ou os cucos, apesar de alguns chegarem às latitudes setentrionais. A falta de estudo de dezenas de aves pernaltas tropicais e outras horizontais levou a uma ideia incorrecta entre os muitos cientistas.

Parece, portanto, que as estatísticas do noroeste podem ser tendenciosas, a menos que se estudem animais do sul e do leste, ou fora de áreas muito perturbadas. Recomendo que os cientistas se desloquem mais frequentemente para sul e que os cientistas da Europa Ocidental se desloquem mais frequentemente para leste. Toda a ideia de que os pequenos bosques são bons parece estar ligada a pessoas que mal saem de zonas muito povoadas ou que estudam apenas certos insectos minúsculos e comuns que sobrevivem em pequenos bosques. As espécies migratórias do Norte ou que vivem nas orlas das florestas podem deslocar-se mais facilmente entre bosques do que as que vivem no interior das florestas do Sul. O número de cientistas com a ideia errada, ou mesmo muitos clientes num baile, não indica necessariamente algo de bom. Menos viagens para ir ao desporto ou visitar familiares, mais para estudar coisas distantes, poderia ser melhor. É preciso estudar para saber se um gringo ou uma ideia está correcta, por mais vezes que se repita.

4. AVES DE DOIS PARQUES DE USO HUMANO NA CHAPADA ITIRAPINA, ESTADO DE SÃO PAULO, BRASIL

EDWIN O. WILLIS

AGRADECIMENTOS

Agradeço a ajuda da minha esposa Yoshika Oniki-Willis e de Johan Ingels, que leu uma versão anterior deste manuscrito. Fabio Akashi Gernandes e Leandro Melo ajudaram na logística. Publicação no. 64 do Instituto de Estudos da Natureza.

RESUMO

As paisagens geridas pelo homem, mesmo os parques urbanos, não preservam tantas espécies como se espera ou como é anunciado. O aumento dos edifícios, das auto-estradas e da agricultura é prejudicial para as aves e uma longa lista de espécies de aves comuns e visíveis não significa que estejam a ser protegidas ou a sobreviver nos parques urbanos.

Palavras-chave: Itirapina, chapada, aves, parques municipais.

INTRODUÇÃO

A utilização das paisagens pelo homem está a aumentar, devido ao aumento do número de pessoas, naturalmente selecionado, e ao elevado consumo competitivo "exibicionista" dos indivíduos. A perda de áreas naturais devido a estas duas causas naturais está a começar a ser uma das principais fontes de extinções de flora e fauna, levando a comparações do "asteroide humano" de hoje com o asteroide de Yucatàn que matou os dinossauros e muitos outros animais e plantas no final do Mesozoico.

Pequenas áreas de habitats naturais neotropicais geralmente preservam menos espécies, como demonstrado para aves de mata no interior do Estado de São Paulo anos atrás (Willis 1979). No entanto, a preservação de grandes áreas naturais é difícil, devido aos desejos humanos darwinianos acima. Conservacionistas interessados em administrar e preservar "parques" e "reservas" estão sob constante ataque de muitas pessoas que vêem o "desenvolvimento" de áreas humanas novas ou antigas não apenas como uma opção, mas como necessário para o "progresso". São comuns dois tipos de ataque: o que insiste em que os grupos de interesse "nativos" ou "locais" devem utilizar todas as áreas naturais (para que nenhum parque "ecocêntrico" permaneça na lista Darwiniana crescente de países "pobres" como a Índia, o Ruanda ou o Brasil), e que as áreas humanas "criam biodiversidade" e preservam efetivamente muitas espécies.

Este último ataque ao planeamento da conservação chegou mesmo à grande revista internacional *Nature*, criticando um livro (1992) do conservacionista Al Gore, então vice-presidente dos Estados Unidos. Este autor e outros indicam que o homem "diversifica" o ambiente, criando, por exemplo, zonas abertas e lagos ao lado de bosques ou pradarias. Estes autores não afirmam que o homem acrescenta espécies localmente (diversidade alfa) ou a nível mundial (diversidade gama); estão interessados no aumento da biodiversidade quando se tem dois ou mais ambientes mais "efeitos de borda" numa zona de duas partes (diversidade beta). Para eles, um ambiente heterogéneo é melhor para as contagens locais de aves ou outros organismos; por exemplo, aves da floresta com algumas aves aquáticas ou de pastagem darão mais "biodiversidade local", mesmo que as espécies estejam a desaparecer tanto da floresta como da pastagem, porque uma ou ambas são mais pequenas.

Em São Paulo, esse tipo de argumento foi utilizado por um grande canal de televisão, que afirmava que "as aves estão voltando para as cidades", toda vez que um pica-pau vagabundo se perdia ou uma ave de gaiola solta ou fugitiva de outro lugar era encontrada na cidade e filmada. Estudos sobre aves urbanas enfatizam que muitas espécies estão sobrevivendo em habitats urbanos irregulares, por exemplo, no campus da Universidade de São Paulo (Hofling & Camargo 1993), sem analisar quantas espécies desapareceram das pradarias arenosas do Ipiranga ou de outros habitats outrora presentes na cidade. Também não há análise para verificar se as espécies raras são reprodutoras ou apenas vagabundas ou aves "sumidouros" (Pulliam 1988) de áreas naturais distantes. Como resultado, os prédios, as rodovias e a agricultura estão aumentando na cidade e em outras regiões do estado, pois a maioria das pessoas pensa que as listas de aves urbanas altamente visíveis e móveis (ou vagantes) não indicam nenhum problema com a preservação da natureza, que mesmo pequenos parques urbanos ou agrícolas preservam "muitas" aves.

O platô de arenito ou *chapada* de Itirapina-São Carlos é uma das poucas áreas de *cerrado* naturalmente fragmentado no centro do Estado de São Paulo. As aves dessa região estão desaparecendo mais rapidamente do que as aves das florestas atlânticas mais bem preservadas, embora as florestas atlânticas recebam mais esforços nacionais e internacionais de conservação (Willis & Oniki 2002). Em direção ao norte, os habitats de cerrado estão desaparecendo rapidamente, com pouca conservação (Parker & Willis 1997, Willis & Oniki 2002).

Em 1982, iniciei estudos de aves das pradarias arenosas de Itirapina, além de outros habitats semi-lenhosos locais (Willis MS). Aqui analisei aves de áreas humanas próximas, uma delas um lago e um parque parcialmente reflorestado na cidade e a outra um lago próximo a eucaliptos e outras árvores em um posto de gasolina na beira da estrada. Também verifiquei pântanos e pastos seminaturais nas proximidades. Com a propagação dos seres humanos, é provável que estes tipos de áreas sejam as únicas com aves daqui a 100 anos. A questão é: será que estas zonas preservarão aves raras, ou apenas aves citadinas como os pardais domésticos (*Passer domesticus*) introduzidos? Os charcos são úteis para as aves aquáticas? Poderão as "metapopulações" de espécies móveis utilizar estas pequenas manchas dispersas, com maior "diversidade beta" porque as zonas abertas têm árvores plantadas à volta, como no campus da Universidade de São Paulo na cidade de São Paulo?

ÁREAS E MÉTODOS DE ESTUDO

Para este estudo, uma área visitada desde 1986, é a sede do Instituto Florestal (IF) (760 m, 22° 15' S, 47° 49' W) no Km. 98 da rodovia, nos limites da cidade de Itirapina. Um lago central é cercado por *Grevillea banksi* introduzida e outras flores que atraem muitos beija-flores. Outros habitats próximos são os relvados, as árvores dispersas, os bosques e as casas. Os sub-bosques de todas as áreas arborizadas estão limpos, até cerca de 3 m de altura. A oeste de Downcreek, um pântano arbustivo semi-natural é delimitado por plantações de eucaliptos e pinheiros que se estendem por quilómetros até às zonas de *cerrado* e pastagens nativas (estas últimas consideradas em Willis MS). O *cerrado* e as florestas plantadas se estendem até uma colina ao norte, do outro lado da estrada principal, enquanto a cidade propriamente dita (e a mata de galeria em um córrego central) fica a leste e ao sul.

A segunda área, estudada desde 1995, é o posto de gasolina Posto Siriema (PS), no Km. 106 da mesma rodovia que liga Itirapina a Brotas. Casas, restaurante, posto de gasolina, eucaliptos altos e um pomar no quintal fazem fronteira com um trecho de mata de galeria a oeste. Ao norte, do outro lado da rodovia, há extensas plantações de eucaliptos e algumas pequenas reservas de pastagens da empresa RIPASA S.A. (Celulose e Papel). Uma lagoa próxima a sudeste (730 m, 22° 16' S, 47° 55' W) confina com um prado semi-natural, utilizado como pasto para gado. O pasto, com arbustos dispersos em locais mais secos, tem um *banhado a* jusante da lagoa, a sul do posto de gasolina e indo para oeste até à mata de galeria ao longo do Córrego do Lobo, no limite do município de Brotas. Logo a oeste do Córrego, pastagens naturais semelhantes foram plantadas em pomares de laranja há alguns anos e, portanto, destruídas. As pastagens também foram recenseadas, para o raro *Anthus nattereri*, mas outras espécies nativas estavam presentes, mas são aqui listadas separadamente como aves não pertencentes ao parque. Um forte incêndio em 1987 destruiu todo o prado, que está agora a crescer novamente. Além disso, o gestor está à procura de mais receitas e alugou o trator do presidente da câmara para arar partes secas da área em 1988-89, para que a erva *Brachiaria* introduzida invadisse e produzisse mais para as suas vacas. Provavelmente, as plantações de laranja produziriam ainda mais receitas nesta propriedade privada. Os dados de ambas as áreas foram examinados até 2005.

Os censos foram efectuados pelo método de transectos, anotando o número de aves de cada espécie. No IF, era habitual uma hora ao meio-dia. Depois de dezembro de 1994, acrescentei o lado norte do lago, com árvores e parques infantis, e a maioria dos censos foi de duas horas cada. Nalgumas visitas, para recolher beija-flores, verifiquei as aves ao início ou ao fim do dia, mas sem grande diferença (registámos mais beija-flores nesses dias). No PS, caminhei até ao pasto e voltei em visitas de 1-2 h, principalmente ao meio-dia até 6 de junho de 1999, quando as visitas começaram às 7-9 h (melhor no pasto, mas pouco diferente na lagoa ou na estação de serviço, exceto nas visitas de julho, quando as aves visitaram flores de eucalipto de manhã cedo).

RESULTADOS E DISCUSSÃO

Aves aquáticas. - Estudos realizados durante a madrugada sobre aves aquáticas em prados naturais da região (Willis MS) mostraram poucas espécies em charcos ou riachos estreitos em matas de galeria, ou em charcos naturais (sobretudo nos meses húmidos de verão, quando por vezes havia prados inundados). Interpretei este facto como resultado da baixa fertilidade dos charcos arenosos, o que levou a um crescimento reduzido de ervas aquáticas e a um baixo fornecimento de alimento. Mesmo a grande e "limpa" albufeira do Broa, a jusante, tinha poucas aves aquáticas. Em 1984, desenvolveram-se colónias de garças numa mata de galeria perto do Broa e, em 1997-98, ao longo de uma mata de galeria semelhante na cidade, mas as matérias fecais começaram rapidamente a matar as árvores dos ninhos, enquanto as crianças e outras pessoas matavam ou assustavam as aves. Uma colónia semelhante sobreviveu durante todo o período num rancho privado protegido a leste, perto de Descalvado, mas as fezes mataram gradualmente a madeira da galeria e a colónia mudou-se para cima todos os anos. Todas estas colónias eram maioritariamente de garças-boieiras (*Bubulcus ibis*), sendo a colónia de 1984 a primeira que registei desta espécie invasora no estado.

O quadro 1 indica que os lagos artificiais do IF e do PS eram também bastante desprovidos de aves, com apenas algumas espécies e indivíduos de aves aquáticas. As aves piscívoras estavam ocasionalmente presentes, raramente uma espécie vegetariana (poucos patos, nenhum galináceo) ou insectívoras aquáticas. Nenhuma das lagoas tinha muita vegetação marginal, nenhuma tinha árvores, ambas tinham cães a vaguear (um bando de gansos no IF até 1995). Oito das 22 espécies eram vagabundas, duas eram raras nos riachos e bosques de galeria a jusante, seis aumentaram com as secas recentes em toda a região (ou com a colónia de 1997-98 a montante da cidade em três casos). Apenas quatro espécies de mata de galeria (duas apenas no PS da orla, uma no IF, onde um banco de terra fornecia um local para um ninho) permaneceram efetivamente nas lagoas. A quarta, uma pequena garça-real, era bastante rara em ambos os locais, e não pode nidificar porque precisa de arbustos sobre a água, o que os humanos raramente permitem nos parques ("desordem").

As andorinhas bebem habitualmente nestes lagos ao meio-dia, mas apenas *a Tachycineta albiventer* é definitivamente uma ave aquática (talvez também a *T. leucorrhoa*, mas esta caça nos prados e nas margens). Quase desapareceu a partir de 1995, pois não havia locais de poleiro disponíveis quando os corvos-marinhos começaram a usar o único poste do lago. Vimos no Rio Claro que esta espécie voa facilmente sobre as lagoas, mas precisa de um poleiro baixo para descansar sobre a água, o que raramente é permitido pelo homem ("entulhos").

Uma espécie vagante, adaptada às margens de lagoas com gramíneas no semi-deserto do nordeste do Brasil, está invadindo o estado desmatado (= semi-deserto) e pode ainda ocupar as margens de lagoas aqui (*Fluvicola nengeta*). As lagoas aqui não têm margens de terra e margens gramadas ou arbustos pendentes para ninhos na maioria dos casos, de modo que nenhuma espécie nidifica localmente, exceto *Certhiaxis cinnamomea* e *Fluvicola leucocephala*, além de *Chloroceryle amazona* a 100 m de distância perto de uma casa no IF. As "ervas daninhas" aquáticas são frequentemente removidas dos lagos e das suas margens em todo o mundo.

Aves terrestres. - Neste planalto de arenito, os habitats naturais raramente preservados variam de matas de galeria, riachos e pequenos lagos ou pântanos, bordas arbustivas e pântanos gramíneos a pradarias arenosas secas, com arbustos dispersos ou densos em locais menos arenosos, a matas de *cerrado* baixo ou *cerradão* de altura média (Willis MS). Os penhascos e colinas muitas vezes tinham bosques secos, manchas locais de solo vermelho com florestas semidecíduas altas. Grandes Æreas estªo agora plantadas com pinheiros introduzidos, eucaliptos, laranjeiras, cafezais, pastagens *de Brachiaria* ou cobertas por grandes edifícios, estradas pavimentadas e de terra ou ferrovias. Persistem algumas matas de galeria pantanosas, a jusante da lagoa IF e no local da colónia de garças a montante, por exemplo. Algumas pradarias naturais e semi-naturais e *cerrados* persistem por enquanto. Tanto o IF como o PS têm muitas árvores plantadas, além de relvados e jardins, especialmente flores que atraem beija-flores e outros comedores de néctar (principalmente tanagers).

Os dois sítios atraem um número variável de aves de determinadas espécies (125 espécies, quadro 2), enquanto as matas de galeria pantanosas do ribeiro em IF e as pastagens semi-naturais próximas em PS atraem outras (47 espécies, quadro 3).

Embora 125 espécies (mais 22 aves aquáticas) pareçam uma lista longa, aproximadamente igual ao número de espécies registradas em um campus muito maior na cidade de São Paulo (Hofling & Camargo 1993), uma análise detalhada mostra que 43 das 125 são meras vagabundas ("e" na Tabela 2) que sobrevoam ou aparecem apenas algumas vezes ao longo dos anos. Seis outras espécies são tão raras na migração ("k" no quadro 2) que são essencialmente vagabundas. No caso de 8 das 22 aves aquáticas, os habitats locais não são frequentemente adequados, exceto para passagem. Provavelmente, um terço ou mais das aves que figuram noutras listas de parques urbanos serão também meros vagabundos.

Cerca de 7 espécies não-vagrantes que nidificam localmente não se reproduzem nestas zonas ("c" no quadro 2) ou raramente se alimentam nelas ("d"), tanto quanto pude determinar; dependem em grande medida de outras zonas. Alguns empoleiram-se aí (caracarás) ou bebem água (*Patagioenas picazuro*) quando o lago está baixo. Onze outras vagueiam tanto durante o ano que utilizam pouco a zona ("i" no quadro 2, três beija-flores, 15 andorinhas, um gaio, dois tansos) e são aves de zonas muito mais vastas e de combinações de habitats mais naturais do que se poderia pensar. Algumas espécies não-vagrantes só ocorrem no verão (10 aves "f") ou no inverno (1 ave "l"). Já sugeri noutros locais que estas fossem registadas como "0,5 espécies" cada, o que reduziria ainda mais a lista local. As aves que vagueiam muito, que não se reproduzem ou que não se alimentam provavelmente também devem ser contadas como "0,1 espécies" ou algo do género, dependendo de quanto tempo do dia ou do ano passam fora da área. Contar essas aves como uma espécie completa exagera a importância de um parque urbano ou de outra área.

Várias espécies ("a" no quadro 2) não nidificam ou ocorrem na zona sombreada do PS, exceto junto ao lago ou nas margens abertas. Várias outras espécies parecem ausentes na PS, como os milhafres *Ictinia* (37 espécies "b" no Quadro 2, pelo que apenas 88 das 125 espécies estão aí presentes, nomeadamente vários colibris ainda não registados nas flores de eucalipto, e vários tordos que provavelmente vagueiam a partir das matas de galeria próximas. Na área parcialmente sombreada do IF, aves como *Galbula ruficauda, Taraba major, Myiophobus fasciatus, Myiarchus ferox, Turdus rufiventris, Vireo olivaceus, Setophaga pitiayumi, Thlypopsis sordida* e *Ramphocelus* foram raras, exceto na periferia, perto de pântanos densos e arbustivos a jusante do riacho ou de bosques a norte. *Anumbius annumbi* mal conseguiu ter uma área aberta para forragear e uma árvore para um ninho, e foi visto pela última vez em 13 de outubro de 1991. Também desapareceu em campos abertos na região, sobrevivendo atualmente apenas em pastos na Fazenda Barreiro Rico (Magalhães 1999).

Nem *Carduelis magellanica* nem *Sicalis flaveola* persistem, exceto no PS, onde aparentemente estão protegidos de caçadores de aves (*Sporophila angolensis* e *Cyanoloxia brissonii* provavelmente sobreviveriam bem perto de Itirapina, mas são tão valiosas como aves de gaiola que não as encontrei, exceto em áreas menos visitadas por humanos). Várias espécies de *Sporophila* estão presas em armadilhas na região, até mesmo *Sporophila lineola*, que persiste porque são moderadamente bem protegidas tanto no IF quanto no PS.

Podemos perguntar-nos se as aves não-vagrantes e realmente residentes (incluindo as residentes no verão e no inverno) nestas zonas criadas pelo homem são raras ou não. Sugeri que se pode avaliar uma espécie pelo número de localidades onde ocorre, estando as espécies menos valiosas presentes em mais localidades (Willis 2000). Esta é uma modificação da idéia geral de "endemia" ou "espécie rara". Das aves de Itirapina na Tabela

2, apenas alguns beija-flores são incomuns; a lista de resto parece ser das espécies mais comuns no sudeste do Brasil. Os beija-flores raros são na maioria vagabundos, visitando as *Grevillea* plantadas e outras flores.

Algumas das espécies são de floresta seca, espalhando-se para sudeste nos últimos anos com a seca e o corte da floresta (as bordas são quentes): *Taraba major, Patagioenas picazuro, Fluvicola nengeta.* Uma dessas espécies, *Tyrannus albogularis* das margens dos rios, atinge aqui o limite sudeste de sua zona de reprodução e está ausente nas áreas de galeria natural (com árvores baixas) ao redor, acrescentando uma espécie na contagem de Natal de Itirapina (Willis 1999). *Progne subis* desapareceu na região, provavelmente por ter sido afugentada pelas pessoas devido às fezes nos parques da cidade, onde se empoleira; só esteve presente de novembro a fevereiro de 198687. *Pyrocephalus rubinus* desapareceu no IF mas apareceu no PS como uma espécie invulgar de inverno. Outros números "-" ou baixos de IF-B na tabela são maioritariamente de aves raramente observadas, e talvez não indiquem mudanças significativas. As contagens de Natal (1992, 1993, 1994, 1995, 1996, 1997, 1998, 1999 e 200a) confirmaram as observações aqui efectuadas, mas não foram adicionadas ao presente estudo.

Dezasseis outras espécies foram registadas a jusante do riacho, em densas taboas e matos de galeria no IF, nenhuma delas muito rara (Quadro 2). Em pastagens semi-naturais perto de PS, várias das 39 espécies extra são bastante raras, embora quase todas ocorram a NE através de eucaliptais da RIPASA em prados naturais abertos ou em matas de galeria. Vários *Sporophila* migradores são muito raros, bem como narcejas e outras espécies. O pasto carece de várias espécies raras de pastagens encontradas a NE (Parker & Willis 1997), mas até há pouco tempo tinha *o* raro *Anthus nattereri* que se extinguiu nos anos 80 em pastagens protegidas. Este papagaio precisa de erva curta pastada por vacas ou queimada pelo fogo perto de zonas húmidas, pelo que desapareceu do NE porque a zona estava protegida de animais pastores e do fogo. No entanto, agora é raro perto do PS, talvez extinto (visto pela última vez em 15 de novembro de 2000), talvez uma flutuação natural ou resultado do proprietário ter arado grandes extensões de cerrado seco nas proximidades em 1998. O tangerino do cerrado seco *Cypsnagra hirundinacea* foi visto pela última vez em 24 de outubro de 1999, e a *Elaenia chiriquensis* do cerrado seco em 28 de dezembro de 1999; *Melanopareia torquata* desapareceu em 1995. *Rhynchotus rufescens* desapareceu depois de 17 de dezembro de 1995 e *Geranoaetus albicaudatus* depois de 17 de agosto de 1997, talvez devido a caçadores ocasionais. As populações de todas essas espécies e de outras aves *do cerrado* são baixas na área, que tem apenas alguns quilômetros quadrados e foi amplamente arada para favorecer a introdução de gramíneas.

Os nichos das espécies não-vagantes foram de espécies de borda em 57 casos (*Phaethornis pretrei, Turdus rufiventris* um pouco na mata) e de espécies de área aberta em 25 casos (Tabela 2). Das espécies fronteiriças, 34 (Passeriformes) eram omnívoros, 9 comedores de néctar (e de insectos), 11 insectívoros e 1 comedor de carniça e de carne. (De facto, todos eram um pouco omnívoros). Das espécies de áreas abertas, 8 comiam mais insectos e 7 mais sementes, enquanto 10 eram insectívoros aéreos (alguns caçavam sobre fronteiras ou bosques). Nenhuma ave era uma espécie verdadeiramente florestal, que simplesmente não é protegida por estes "parques" de áreas humanas.

Na verdade, as espécies de áreas abertas são sobretudo as que nidificam ou permanecem perto de fronteiras, exceto *Vanellus chilensis*, pelo que estes "parques" protegem os nectarívoros e omnívoros fronteiriços e muito pouco mais. Os insectívoros aéreos sobrevoam árvores, cidades, canaviais e qualquer outro habitat e só precisam de água para beber nos parques, quando muito. Os comedores de sementes e frutos que não são aves de gaiola dão-se ainda melhor longe dos parques, uma vez que as pessoas limpam as "ervas daninhas" e os "frutos" que não sejam espécies domesticadas. Os nectarívoros (que também comem insectos, portanto são "omnívoros" num sentido geral) dão-se bem em certas flores dos parques, claro.

TABELA 1. Registros de 22 aves aquáticas em lagos de área humana, Itirapina

	IF-A	IF-B	PS	Notas
Ardea alba	19	53	5	ab
Egretta thula	11	55	-	ab
Butorides striatus	9	10	4	
Nycticorax nycticorax	-	14	-	ab
Tigrisoma lineatum	1	2	2	c
Pilherodias pileatus	1	-	-	g
Platalea ajaja	-	1	-	g
Mesembrinibis cayennensis	-	1	-	g
Nannopterum brasilianus	6	62	1	a
Anhinga anhinga	-	2	-	fg
Tachybaptus dominicus	-	-	1	g
Amazonetta brasiliensis	-	15	27	anúncio
Jacana jacana	4	9	30	anúncio
Himantopus himantopus	-	2	-	g

Aramus guarauna	-	1	-	g
Ceryle torquata	10	43	2	a
Chloroceryle amazona	50	71	1	e
Chloroceryle americana	1	10	-	ce
Certhiaxis cinnamomea	-	-	20	d
Fluvicola leucocephala	-	-	37	d
Fluvicola nengeta	-	3	-	g
Tachycineta albiventer	46	3	-	f

IF-A, 21 de setembro de 86 a 26 de junho de 94, 79 visitas durante 74,9 horas. IF-B, de 23 de outubro de 94 a 30 de junho de 2001, 60 visitas e 99,5 horas. PS, 27 Ago. 95 a 11 Jun. 01, 41 visitas durante 64,2 horas. a-mais com a seca recente; b-mais com a proximidade de uma colónia recente; c-rara proveniente de matas de galeria a jusante; d-comum onde a margem relvada permite, no PS; e-não há banco de terra em nenhuma das lagoas para nidificar, mas há um banco perto do IF; f-não tem poleiro sobre a água para apanhar sol ou descansar; g- vagabundos, habitat não apropriado (talvez *nengeta*, ver texto).

TABELA 2. Registros de 125 aves terrestres em áreas de ocupação humana, Itirapina

	IF-A	IF-B	PS	Nicho	Notas
Bubulcus ibis	50	815	a-261		bcdei
Syrigma sibilatrix	5	7	a-39		e
Coragyps atratus	113	45	36	1	bcdi
Cathartes aura	-	1	-		ei
Ictinia plumbea	22	64	-	7	fm
Accipter cf. striatus	5	4	-		ser
Rupornis magnirostris	31	37	5	2	n
Buteo brachyurus	1	-	-		ei
Geranoaetus albicaudatus	1	-	a-4		ser
Gampsonyx swainsoni	1	-	-		ei
Herpetotheres cachinnans	-	-	2		ei
Milvago chimachima	3	13	a-22		egi
Caracara plancus	2	3	a-33		egi
Falco sparverius	4	1	a-13		egi
Falco femoralis	1	1	a-4		egi
Vanellus chilensis	73	111	a-235	8	em
Patagioenas picazuro	48	206	283	9	dhi
Patagioenas cayennensis	-	3+20	a-6		bcdei
Zenaida auriculata	4	10	a-154		bei
Columbina talpacoti	89	123	79	9	n

Columbina squammata	253	172	78	9	n
Leptotila verreauxi	1	4	4		e
Psittacara leucophthalmus	2	102	69		bei
Forpus xanthopterigius	65	104	11	4	
Brotogeris chiriri	5	17	-		bei
Piaya cayana	18	44	5	3	m
Crotophaga ani	53	39	32	8	n
Guira guira	60	72	7	8	n
Athene cunicularia	25	60	a-61	8	n
Megascops choliba	-	2	-	3	jn
Chaetura meridionalis	14	29	-	7	cf
Phaethornis pretrei	34	51	5	6	ci
Florisuga fusca	2	21	-		ei
Anthracothorax nigricollis	18	88	-	6	fm
Eupetomena macroura	377	461	22	6	
Aphantochroa cirrochloris	198	128	-	6	
Amazilia lactea	82	160	1	6	
Amazilia versicolor	14	28	1	6	i
Chlorostilbon aureoventris	13	56	4	6	
Hylocharis chrysura	156	257	4	6	
Colibri serrirostris	19	11	21		ei
Chrysolampis mosquitus	-	1	-		ef
Calliphlox amethystina	1	9	-		e
Thalurania glaucopis	3	9	-		cem
Heliomaster squamosus	2	7	-		e
Galbula ruficauda	-	10	-	6	h
Picumnus albosquamatus	-	7	1		em
Melanerpes candidus	19	7	2		begi
Veniliornis passerinus	2	10	2		em
Dryocopus lineatus	4	3	2		e
Colaptes melanochloros	12	28	3	3	m
Colaptes campestris	31	51	a-133	8	n
Lepidocolaptes angustirostris	5	8	-	3	e
Furnarius rufus	35	107	85	8	n
Anumbius annumbi	6	-	-	8	hn
Conopophaga lineata	-	1	1		e
Taraba maior	-	4	7	3	h
Elaenia flavogaster	60	38	46	5	n
Elaenia chiriquensis	4	1	a-8		ef
Elaenia albiceps	-	1	-	5	k
Elaenia mesoleuca	1	-	-	5	k
Serpophaga subcristata	12	31	12	5	m
Camptostoma obsoletum	22	16	17	5	
Myiophobus fasciatus	9	4	12	3	
Todirostrum cinereum	10	41	5	3	m
Tolmomyias sulphurescens	-	6	-		em
Hirundinea ferruginea	1	6	-		el
Colónia colonus	1	-	-		e

Pyrocephalus rubinus	14	-	3	8	l
Myiarchus ferox	10	42	11	5	mn
Myiarchus tyrannulus	1	4	-		e
Satrapa icterophrys	33	52	5	3	mn
Sirystes sibilator	1	-	-		e
Machetornis rixosus	89	77	51	8	n
Pitangus sulphuratus	125	178	70	5	n
Megarynchus pitangua	15	70	1	5	mn
Myiozetetes similis	45	41	3	5	
Myiodynates maculatus	18	46	1	5	fmn
Empidonomus varius	11	43	2	5	fmn
Tyrannus savana	135	121	107	5	fn
Tyrannus melancholicus	122	175	80	5	fn
Tyrannus albogularis	5	53	7	5	fmn
Xolmis cinereal	1	1	a-67		e
Pachyramphus validus	-	8	-		e
Pachyramphus polychopterus	-	5	-		ef
Progne subis	9	-	-	7	hk
Progne chalybea	126	214	82	7	em
Progne tapera	28	3	-	7	cih
Notiochelidon cyanoleuca	250	413	198	7	em
Tachycineta leucorrhoa	72	23	140	7	hin
Stelgidopteryx ruficollis	200	147	29	7	em
Petrochelidon pyrrhonota	5	-	3	7	k
Hirundo rustica	2	-	1	7	k
Cyanocorax cristatelus	60	101	77	5	em
Mimus saturninus	43	146	107	5	n
Troglodytes aedon	43	92	39	3	n
Turdus leucomelas	19	111	9	5	mn
Turdus rufiventris	6	37	-	5	mn
Turdus amaurochalinus	25	36	-	5	n
Turdus nigriceps	1	-	-	5	k
Cyclarhis gujanensis	16	42	14	5	mn
Vireo olivaceus	14	29	12	5	fmn
Passer domesticus	247	250	270	5	n
Setophaga pitiayumi	7	54	3	3	mn
Basileuterus hypoleucus	1	4	a-3		em
Coereba flaveola	17	80	1	6	mn
Dacnis cayana	15	23	6	5	i
Conirostrum speciosum	14	13	-	5	
Thlypopsis sordida	2	15	-	3	m
Hemithraupis ruficapilla	-	2	-		e
Euphonia chlorotica	20	72	6	5	im
Piranga flava	-	1	-		e
Ramphocelus carbo	9	23	26	5	cm
Thraupis sayaca	152	225	79	5	n
Tachyphonus coronatus	-	7	1		e
Tangara cayana	14	49	13	5	m

Nemosia pileata	-	7	-	5	mn
Coryphospingus cucullatus	-	3	6	5	eo
Volatinia jacarina	42	19	64	9	o
Sporophila caerulescens	63	61	113	8	não
Sporophila lineola	18	98	35	9	fmnop
Sicalis flaveola	-	-	26	9	op
Zonotrichia capensis	108	137	109	5	n
Carduelis magellanica	1	1	56	5	p
Molothrus bonariensis	143	187	48	5	n

QUADRO 3. Registos de 47 aves apenas em áreas adjacentes semipreservadas

Zonas - Itirapina

	IF-A	IF-B	PS	Notas
Crypturellus parvirostris	4	-	-	Q
Gallinago paraguaie	4	-	24	R
Gallinago undulatus	-	-	9	r
Porzana albicollis	-	-	16	r
Rallus nigricans	6	23	2	s
Laterallus sp.	10	-	-	s
Cariama cristata	12	3	36	hq
Elanus leucurus	-	-	3	q
Heterospizias meridionalis	-	-	28	q
Tapera naevia	3	2	3	st
Polytmus guainumbi	-	-	1	fqs
Nystalus chacuru	-	-	2	q
Synallaxis spixi	5	8	1	s
Synallaxis albescens	-	-	8	q
Phacellodomus ferrugineigula	8	19	-	st
Thamnophilus caerulescens	-	-	1	t
Thamnophilus doliatus	1	2	1	t
Thamnophilus ruficapillus	7	-	-	hs
Melanopareia torquata	-	-	2	hq
Hemitriccus margaritaceiventer	-	1	-	eqt
Gubernetes yetapa	2	4	16	s
Alectrurus tricolor	-	-	1	qr
Culicivora caudacuta	-	-	1	q
Xolmis velata	-	-	38	q
Alopochelidon fucata	-	-	143	qr
Donacobius atricapillus	1	11	-	s
Anthus lutescens	-	-	19	q
Anthus nattereri	-	-	32	hqr
Geothlypis aequinoctialis	14	11	16	s
Basileuterus leucophrys	-	1	2	t
Basileuterus flaveolus	-	-	1	t
Neothraupis fasciata	-	-	20	q
Cypsnagra hirundinacea	-	-	6	q
Schistochlamys ruficapillus	2	-	-	st

Saltador similis	-	1	-	t
Arremon flavirostris	--2			t
Sicalis citrina	-	-	56	q
Emberizoides herbicola	-	-	67	q
Ammodramus humeralis	-	-	118	q
Coryphaspiza melanotis	-	-	19	qr
Sporophila bouvreuil	-	-	45	tqr
Sporophila hypoxantha	-	-	5	kqr
Sporophila melanogaster	-	-	3	kqr
Sporophila cinnamomea	-	-	1	kqr
Sporophila plumbea	-	-	2	kq
Sturnella superciliaris	-	-	28	fqr
Pseudoleistes guirahuro	-	-	132	qr

Legendas dos quadros 2 e 3

a-pastos próximos ou matas de galeria, principalmente

b-principalmente a sobrevoar

c-nest sites raramente disponíveis

d-alimentos raramente obtidos

e-vagrante ou rara, principalmente de habitats distantes ou adjacentes

f-aves de verão

g-dorme em árvores plantadas

h-ver texto

i- os indivíduos vagueiam por locais dispersos e não habitam a área local durante todo o ano

j-pequeno estudo noturno

k-migrante , acidental ou raro

l-espécies de inverno

m- número elevado de IF-B devido a um maior estudo sobre a margem arborizada do lago N

n-nidificação registada, ou aves jovens

o-não comum onde "ervas daninhas" removidas

p-armadilhas para aves perigosas

q-pastos arenosos , cerrado

pradaria húmida

s-pântanos pantanosos

t-gallery woods

5. UM SEGUNDO OLHAR SOBRE AS AVES DA FLORESTA DA FAZENDA SÃO JOSÉ, 1982-2005.

EDWIN O. WILLIS

AGRADECIMENTOS

Agradecemos ao Conselho Nacional de Desenvolvimento Científico e Tecnológico (CNPq) por uma bolsa de pesquisa. Yoshika Oniki-Willis colaborou na redação do manuscrito. Todas as fotos foram usadas com permissão do fotógrafo Constantino Melo. Agradeço a Ana Maria R. dos Santos, Alexsander Z. Antunes e Paulo Rubim pela indicação da presença de algumas aves; a Luis Fàbio Silveira pela ajuda com a logística e a Johan Ingels pelos valiosos comentários que melhoraram muito este manuscrito. Este trabalho é a publicação nº 65 do Instituto de Estudos da Natureza.

INTRODUÇÃO

Os remanescentes de floresta semidecídua do interior do estado de São Paulo são pequenos e isolados, principalmente devido à expansão urbana e especialmente às atividades agrícolas que são favorecidas pela proximidade de grandes indústrias e centros urbanos. A floresta da Fazenda São José (22° 21'S, 47° 29'W, 230 ha, 675 m de altitude) é uma dessas florestas nos municípios de Rio Claro e Araras e é descrita em detalhes em Willis & Oniki (2002). Devido à sua proximidade com a cidade de Rio Claro em cerca de 14 km, tem sido preferida por estudantes da Universidade Estadual Paulista 'Júlio de Mesquita Filho' (UNESP) para estudar sua flora e fauna. Vários estudos sobre aves foram publicados (Cândido-Júnior 1991, 2000, Gondim 1995, Willis & Oniki 2002, Gussoni 2007).

Levantamentos de aves em florestas semi-decíduas no interior do estado de São Paulo mostraram que pequenas reservas e parques não possuem tantas espécies como no passado, antes do desmatamento para fins agrícolas e da construção de cidades. As reservas menores sempre perdem mais espécies do que as maiores (Willis 1979).

As aves da floresta da Fazenda São José foram estudadas entre 1982 e 2000 para determinar a perda ou ganho de espécies ao longo do tempo (ver Willis & Oniki 2002). Aqui, em uma 'segunda análise', registramos as mudanças na diversidade de aves entre 2000 e 2005, comparando com as mudanças anteriores a 1982 e as registradas até 9 de julho de 2000 em trabalhos anteriores.

MATERIAIS E MÉTODOS

Os estudos foram efectuados com binóculos 8 x 30, registando as espécies e o número de aves durante contagens em transectos de 4 a 6 horas, com início imediatamente antes do nascer do sol. Na década de 1980, e algumas vezes depois, capturamos e anilhamos aves na borda sul, 300 m a leste da fronteira municipal, 675 m acima do nível do mar, entre o Ribeirão Claro na borda oeste da floresta (afluente do rio Tietê) e os córregos do rio Mogi-Guaçu, no lado leste. Às vezes, visitamos uma estrada recentemente abandonada ao longo das matas de galeria do Ribeirão Claro, ou áreas abertas com represas nos canaviais no lado sul da mata (Willis & Oniki 2002). Entre 9 de setembro de 2001 e 7 de abril de 2002, fizemos sete visitas a um trecho queimado perto do lado oeste da floresta, até que este trecho ficou muito denso. Para o nosso 'segundo olhar', fizemos 56 visitas entre 28 de julho de 2000 e 24 de dezembro de 2005, incluindo os sete estudos na secção queimada.

RESULTADOS E DISCUSSÃO

Na floresta da Fazenda São José e nas áreas abertas próximas, foram registadas 263 espécies de aves entre 1982 e 2000 (ver quadro em Willis & Oniki 2002). Entre 2000 e 2005, mais 12 espécies foram adicionadas, além de uma coruja registrada por estudantes, perfazendo um total de 274 espécies (275 quando a coruja é adicionada). Das 274 (ou 275) espécies, 73 (ou 74) são aves de zonas abertas ou semi-abertas, não registadas no interior da floresta, nas orlas da floresta ou ao longo de cursos de água. Assim, foram registadas 201 espécies na floresta, sem contar com os indivíduos ocasionais que sobrevoam ou visitam áreas abertas.

As 12 'novas aves' registradas após 2000 são, em geral, espécies já registradas na Floresta Estadual 'Edmundo Navarro de Andrade', conhecida como Horto Florestal de Rio Claro, a poucos quilômetros a sudoeste (veja Willis & Oniki 2003). Provavelmente já estavam presentes na Fazenda São José antes de 2000: o Crake Uniforme *Amaurolimnas concolor* e o *Tigrisoma lineatum* de matas de galeria, o migrante de dossel *Harpagus diodon* (visto em 28 de março de 2004), o papagaio-verdadeiro *Ictinia plumbea*, e o Sirystes *Sirystes sibilator* cantando no dossel em 28 de março de 2004 (desapareceu depois, (desapareceu mais tarde, provavelmente por não ter encontrado uma companheira), quatro espécies de aves das lagoas fora da floresta, a garça-dos-cocais *Ardea cocoi*, o galináceo *Porphyrio martinicus*, o mergulhão-de-bico-vermelho *Podylymbus podiceps* e a garça-real *Nycticorax nycticorax* e o tentilhão *Sicalis flaveola*, introduzidos na lagoa de peixes e pagamentos próxima. O papa-moscas-de-crista *Myiarchus tyrannulus*, comum na plantação de eucaliptos e bordas do Horto Florestal, já esteve na mata de galeria do Ribeirão Claro, próximo à mata da Fazenda. Ana Maria R. dos Santos e Alexsander Z. Antunes (com. pess.) registaram a coruja-das-torres *Tyto furcata* na zona aberta junto à mata. Ocorre até na cidade de Rio Claro. Não registrado antes perto de Rio Claro, foi um noitibó de cauda manchada *Hydropsalis maculicaudus*, cantando em 24 de outubro de 2005, em uma zona aberta queimada na plantação de cana de açúcar perto da floresta e perto do córrego, desapareceu mais tarde.

Nycticorax nycticorax, Garça-da-noite-de-coroa-preta, 7 de novembro de 2010, São Paulo, SP

Aves presentes no passado

Olhando para o nosso livro 'Aves de São Paulo' (Willis & Oniki 2003), parece que 59 espécies florestais no centro do estado desapareceram aqui antes do início da nossa pesquisa em 1982. Três delas foram caçadas ou atacadas por cães vadios: o Tinamou *solitário Tinamus solitarius*, o Caimão *Odontophorus capueira* e a Jacutinga *Pipile jacutinga.* Três foram capturados como animais de estimação para cativeiro: Arara-azul-amarela *Ara ararauna*, Arara-vermelha *A. chloroptera* e o Pintassilgo *Sporophila angolensis*.

Com o desmatamento regional, provavelmente desapareceram cinco grandes águias, que necessitam de grandes territórios florestais para encontrar presas de grande porte: a *Harpia harpyja,* o Gavião-preto *Spizaetus melanoleucus*, a Águia-de-crista *Morphnus guianensis, o* Gavião-torcaz *Spizaetus ornatus* e o Gavião-preto *S. tyrannus*. Também são abatidos, especialmente quando atacam animais domésticos, como galinhas. Cinco gaviões também não foram registrados, embora o primeiro apareça às vezes durante a migração, mesmo em pequenas florestas perto de Rio Claro: o papagaio-de-peito-roxo *Chondrohierax uncinatus,* o gavião-da-caatinga

Geranospiza caerulescens, o papagaio-de-cauda-de-andorinha *Elanoides forficatus,* o gavião bicolor *Accipiter bicolor* e o gavião-de-barriga-acinzentada *A. poliogaster*. O urubu-rei *Sarcoramphus papa* ainda sobrevive nas florestas mais extensas ao longo da Chapada de Itirapina, no noroeste.

Algumas aves florestais nocturnas devem ter estado presentes neste local no passado: o mocho *Nyctiphrynus ocellatus* e três corujas: a coruja-das-torres *Megascops atricapilla,* a coruja-das-torres *Strix huhula* e a coruja-das-torres *Pulsatrix koeniswaldiana.*

Macho, *Trogon rufus,* Trogon de garganta preta, 19 de dezembro de 2014, São Luiz do Paraitinga-SP.

As aves que constroem ninhos em buracos no solo ou em árvores nas florestas do interior desapareceram antes de 1982, mais do que as aves de qualquer outro grupo: três corujas, um Trogon *Trogon rufus*, o Motmot *Baryphthengus ruficapillus*, três Bucconidae: o papagaio-da-guiana *Notharchus macrorhynchos*, o papagaio-de-peito-crescente *Malacoptila striata* e o papagaio-de-peito-ferrugíneo *Nonnula rubecula,* quatro tucanos o tucano-de-bico-vermelho *Ramphastos dicolurus,* o tucano-africano *Pteroglossus bailloni*, o tucano-de-pescoço-preto *Pteroglossus aracari* e o tucano-de-bico-vermelho *Selenidera maculirostris*, três pica-paus o pica-pau-de-frente-amarela *Melanerpes flavifrons*, o pica-pau-de-crista-loira *Celeus flavescens* e o pica-pau-de-garganta-amarela *Piculus flavigula*, três pica-paus a trepadeira de asa plana *Dendrocincla turdina,* a trepadeira de garganta branca *Xiphocolaptes albicollis* e o pica-pau de bico preto *Campylorhamphus falcularius,* quatro Furnariidae: o respigador de folhagem de capa preta *Philydor atricapillus, o respigador de* folhagem de peito ocre *Anabacerthia lichtensteini,* o respigador de folhagem de frente amarela *P. rufum,* e o Xenops *Xenops minutus)* e um Tordo-de-cauda-curta *Chamaeza campanisona.* Uma outra trepadeira, a trepadeira-pequena *Xiphorhynchus fuscus,* presente na década de 1980, desapareceu, para além de outras aves que nidificam em buracos (ver abaixo).

Antunes & Willis (2005) indicaram que quando as plantações de cana de açúcar começaram a ser queimadas na Fazenda Barreiro Rico no Rio Piracicaba, várias aves que fazem ninhos em buracos desapareceram. É possível que a fumaça da queima da cana esteja matando as aves que nidificam ou dormem em buracos nesta Fazenda também, um assunto que precisa ser investigado.

Enquanto a cana-de-açúcar estava sendo queimada por muitos anos ao lado da mata da Fazenda São José, recebendo as chuvas sobre a cidade de Rio Claro, e possivelmente estavam matando as aves que faziam seus ninhos ou dormiam em buracos de árvores ou no chão. No entanto, quando essa atividade é interrompida completamente, as aves podem voltar e aumentar em número.

Mas também pode ser que algumas aves ligadas a buracos, seja no solo ou em troncos de árvores, desapareçam por serem aves de sombra, e não quererem atravessar áreas abertas sob forte sol tropical. Ou ainda, que tenham grandes territórios, reduzindo o número de indivíduos em pequenos bosques. Outras aves presentes na década de 1950 na mata maior da Fazenda Barreiro Rico, devem ter desaparecido antes de 1982, pois poucos indivíduos estavam ocorrendo na mata pequena: o papagaio-de-peito-roxo *Pyroderus scutatus*, e cinco pequenos Tyrannidae de sub-bosque: o papa-moscas-de-olho-amarelo *Hemitriccus orbitatus*, o papa-moscas-da-rocha *Platyrinchus leucoryphus*, o papa-moscas-de-cauda-preta *Myiobius atricaudus*, o papa-moscas-de-cabeça-cinza *Mionectes rufiventris* e o papa-moscas-de-barriga-de-asa Piprites *chloris*.

Um papagaio-de-peito-amarelo *Cyanocorax chrysops* e seis aves migratórias: o sabiá-amarelo *Turdus flavipes*, o sabiá-guira *Hemithraupis guira, a* andorinha-do-mar *Tersina viridis,* o sabiá-preto *Tangara peruviana,* o sanhaço-preto *Dacnis nigripes* e o papa-moscas-de-peito-roxo *Cyanerpes cyaneus,* ainda visitavam o Horto Florestal de Rio Claro na década de 1980. Talvez eles também visitaram a floresta na Fazenda São José, mas não foram registados nesta pesquisa. Uma toutinegra da América do Norte que visitava no inverno, a toutinegra-preta *Dendroica striata*, foi registrada em uma floresta semelhante na Fazenda Santa Genebra em Campinas (Willis 1979), a cerca de 190 km da cidade de Rio Claro.

Aves que aparecem ou desaparecem

Algumas outras aves, presentes nos anos 80 ou 90, são raras ou desapareceram atualmente. Espécies que fazem ninhos ou dormem em buracos estão desaparecendo, talvez por causa da poluição resultante da queima da cana ou do pequeno tamanho da população remanescente. Atualmente, são raras as seguintes espécies: o Trogon *surrucua Trogon surrucura,* o Pica-pau-da-linha *Dryocopus lineatus,* o Pica-pau-robusto *Campephilus robustus* e o Pica-pau-verde *Colaptes melanochloros*, o Rastejador do Planalto *Dendrocolaptes platyrostris* e os Furnariidae: o pica-pau-de-folha-branca *Automolus leucophthalmus,* o pica-pau-de-bico-amarelo *Lochmias nematura* e o pica-pau-rabilongo Xenops *Xenops rutilans. A* partir de 1995, desapareceram a trepadeira-pequena *Xiphorhynchus fuscus* e o pisco-de-peito-ruivo *Sclerurus scansor.* O papagaio-de-peito-branco *Nystalus chacuru*, que fazia buracos nas zonas abertas dos canaviais, desapareceu nos últimos anos e a coruja-do-mato *Athene cunicularia* está a evitar as zonas próximas dos canaviais.

O tucano *Ramphastos toco* tem aparecido no concelho nos últimos anos, ainda que nidifique e pernoite em buracos. No passado, pode ter sido capturado para ser mantido em gaiolas. Agora, parece nidificar no Horto Florestal maior de Rio Claro, longe dos canaviais. É uma ave de floresta seca ou semi-aberta, talvez não presente nos tempos pré-coloniais. A gralha *Cyanocorax cristatellus*, das bordas secas e semi-abertas dos Cerrados, a noroeste de Rio Claro, também apareceu nos últimos anos em todo o município, assim como o grande formigueiro *Taraba major*, das matas secas a noroeste. As aves das matas quentes e secas do noroeste do estado poderiam se deslocar para cá com os últimos anos secos e quentes, causados pelo "efeito estufa", ou pelo desmatamento geral que torna essa região mais seca.

Tangara peruviana, saíra-de-bico-preto, 17 de junho de 2016, Praia Grande, SP.

Um periquito de áreas mais secas, o periquito-de-crista-amarela *Brotogeris chiriri*, está a aumentar em número no sudeste do estado. Apareceu aqui antes de 2000. É comum nas pequenas matas sem canaviais a noroeste do município, na Fazenda Novo Horizonte, onde ocorre o Jacamar-de-bico-vermelho *Galbula ruficauda* do norte seco, que ainda não chegou na Fazenda São José. No entanto, nidifica em buracos no chão, e pode aumentar agora que os canaviais não são mais queimados. Outro periquito da área seca do norte, o periquito-de-cabeça-dourada *Aratinga auricapillus* visitou uma vez antes de 2000, provavelmente uma ave 'errante'.

Outro periquito, o periquito-de-barriga-marrom *Pyrrhura frontalis*, de florestas húmidas ou maiores a sudeste, desapareceu nos últimos anos. O periquito-de-olho-branco *Psittacara leucophthalmus*, que voa para as zonas secas ou abertas a noroeste, tornou-se comum no concelho. O papagaio-de-peito-roxo *Amazona aestiva,* das matas secas, ainda é raro, mas raramente também ocorre perto da cidade, onde, de vez em quando, precisa ser capturado ilegalmente. Essas aves, como o papagaio-da-cabeça-escura *Pionus maximiliani* e o papagaio-de-peito-azul *Forpus xanthopterygius*, dormem e nidificam em buracos longe dos canaviais.

Dendrocolaptes platyrostris, trepadeira do Planalto, 14 de janeiro de 2014, Campos do Jordão, SP.

Residentes da vegetação rasteira, não registados recentemente, são duas pombas, a pomba-cinzenta *Leptotila rufaxilla* e a pomba-rabuda *Geotrygon violacea*, dois tiranídeos: o Schiffornis esverdeado *Schiffornis virescens* e o antípede *Corythopis delalandi*, os passerelídeos, o pardal-de-cabeça-cinzenta *Arremon semitorquatus da floresta* húmida a leste, substituindo o pardal-de-bico-amarelo *A. flavirostris das* florestas secas a oeste, e dois falcões do interior da floresta, o falcão-de-barriga-vermelha *Micrastur ruficollis* e o falcão-de-coleira *M. semitorquatus*. Estes falcões apareceram brevemente, talvez indivíduos à procura de um companheiro, nas décadas de 1980 e 1990. Mesmo que atravessassem zonas abertas e quentes, não sobrevivem na maioria das pequenas matas do interior do estado de São Paulo. As outras espécies já eram raras antes de 2000, talvez desaparecendo por falta de companheiros nestes pequenos fragmentos de mata. Todas, exceto as pombas, constroem ou usam ninhos fechados.

A guanina-ferrugínea *Penelope superciliaris* do sub-bosque é hoje rara, perseguida por cães e caçada pelo homem, mas foi encontrado um casal em 27 de outubro de 2004, e outra ave foi por vezes observada por A. Antunes e P. Rubim (com. pess.).

Algumas aves da orla florestal, não registadas nos últimos anos, já eram raras na década de 1980: dois furnariídeos, *Certhiaxis* spp., três tiranídeos: a elaenia grande *Elaenia spectabilis,* o tirano de sobrancelha amarela *Satrapa icterophrys* e o barrete de crista

Pachyramphus validus, o verdilhão de olhos cinzentos *Hylophilus amaurocephalus* e o melro unicolor *Agelasticus cyanopus*. Outras aves raras das orlas florestais que foram registadas entre 2000 e 2005, mas que deixaram de o ser, foram o abutre-das-torres *Cathartes aura*, o falcão-de-cauda-curta *Buteo brachyurus*, o falcão-da-rainha *Herpetotheres cachinnans*, a pomba-azul *Claravis pretiosa*, o falcão-noturno de cauda curta *Lurocalis nattereri*, tiranídeos como o tirano-dos-países *Hemitriccus nidipendulus* e o tirano-pigmeu orelhudo *Myiornis auricularis*. É possível que estas aves ainda estejam presentes, embora em número reduzido.

Algumas aves invernantes, migradoras ou vagabundas, não foram registadas recentemente. São raras no município, mas podem também ocorrer: um Cuco-de-bico-amarelo norte-americano *Coccyzus americanus*, um papagaio-do-sul, o Papagaio-de-papo-amarelo *Pionopsitta pileata*, seis tiranídeos do sul, o Papa-moscas-de-faces-amarelas *Poecilotriccus plumbeiceps,* a Elaenia olivácea *Elaenia mesoleuca, Pachyramphus viridis*, duas espécies de *Tityra*, a Cotinga *Phibalura flavirostris*), dois tordos do sul, o Tordo-das-areias *Turdus nigriceps* e o Tordo-de-pescoço-branco *T. albicollis*, e sete emberizídeos do sul, o tentilhão-uniforme *Haplospiza unicolor, a* gralha-preta *Tiaris fuliginosa*, o bico-grossudo-azul *Cyanoloxia glaucocaerulea,* o chapim-de-cabeça-castanha *Pyrrhocoma ruficeps,* a eufónia-violácea Euphonia *violacea,* a eufónia-dourada *E. Cyanocephala* e a Toutinegra-de-barrete-dourado *Basileuterus culicivorus*. Há ainda a gralha-preta-de-bico-azul *Knipolegus cyanirostris* que chega às bordas da mata no inverno. Mesmo com poucos registos, esta mata pode ajudar os migradores vindos do sul ou do norte.

Knipolegus cyanirostris, tiririca-azul, 1 de setembro de 2015, Campos do Jordão, SP.

Nas zonas abertas, não há registos recentes de algumas aves que vinham do sul no inverno: o galináceo *Porphyriops melanops* e o papa-moscas *Pyrocephalus rubinus*, o tentilhão *Donacospiza albifrons*.

Além disso, registros recentes de dois Scolopacidae, o maçarico solitário *Tringa solitaria* e o maçarico de terra firme *Bartramia longicauda*, o falcão noturno comum *Chordeiles minor*, e três andorinhas, a andorinha-do-banhado *Hirundo rustica,* a andorinha-do-penhasco *Petrochelidon pyrrhonota* e o martim-roxo *Progne subis,* estão desaparecidos no inverno da América do Norte. A última espécie foi removida dos parques de Rio Claro anos atrás porque eles estavam 'sujando' debaixo de seu dormitório à noite.

É possível que as aves migratórias do sul já não estejam a chegar porque o mundo aqueceu ("efeito de estufa") e que agora fiquem mais a sul. Mesmo as aves do norte podem deslocar-se para outras regiões em anos mais quentes, provocando zonas secas devido a uma maior evaporação da água.

Há poucas aves de arribação, em falta nos últimos anos: o cuco de peito perolado *Coccyzus euleri*, o formigueiro errante *Hypoedaleus guttatus*, a joaninha *Setophaga pitiayumi* e o cacique de peito vermelho *Cacicus haemorrhous*.

Faltam-nos registos recentes de alguns beija-flores, o jacobino-preto *Florisuga fusca,* o mangusto-de-garganta-preta *Anthracothorax nigricollis,* o beija-flor-de-gravata-branca *Leucochloris albicollis* e o papa-moscas-de-peito-ruivo *Heliomaster squamosus*. Mas, nesse caso, é muito difícil vê-los na copa das árvores.

Pyrocephalusrubinus, papa-moscas vermelhão, 7 de maio de 2017, macho em muda, Guarantinguetá, SP.

Além disso, são migradoras ou viajam muito, pelo que podem ainda ocorrer. As aves de copa têm menos dificuldade em atravessar zonas abertas porque já estão habituadas a voar ao sol. As aves de vegetação rasteira só podem voar em zonas abertas ao amanhecer ou ao anoitecer, ou com chuva, e não podem voar demasiado longe para encontrar outra floresta. Isto pode explicar a razão pela qual as aves árcticas que vivem em zonas de baixa insolação têm geralmente mais facilidade em deslocar-se de um fragmento de floresta para outro - são mais 'metapopulacionais' ou 'propensas a viajar', como indicado por Willis (1979), anos antes de o belo termo 'metapopulacional' se tornar popular.

Os investigadores do hemisfério norte esquecem-se muitas vezes deste problema dos animais tropicais e podem imaginar que qualquer animal não precisa de corredores sombreados de vegetação.

O Saltador-de-asa-verde *Saltator similis*, comum até 2000, é hoje raro. A captura ilegal para cativeiro nos últimos anos deve ser a causa no leste do Brasil, em geral. O bico-grossudo-ultramarino *Cyanoloxia brissonii*, foi registado apenas uma vez, antes de 1992, e pode estar quase ausente agora, como é o caso do pintassilgo-de-barriga-vermelha mencionado acima.

Sem contar os migrantes, azulões ou "algumas aves" citados nos dois parágrafos acima, 18 das 201 aves, ou 9%, desapareceram desta floresta da Fazenda São José desde 1982. Três aves apareceram desde 1982. Com as 59 espécies perdidas antes de 1982, 77 aves desapareceram, ou seja, 30% das 257 anteriormente presentes. Como 28 outras espécies não foram observadas entre 2004 e 2005, apenas 155 espécies florestais foram registadas.

Embora as aves adicionadas nas zonas abertas pelo homem pareçam quase compensar o número de aves perdidas na floresta atualmente (como as aves das montanhas do Estado do Espírito Santo, ver Willis & Oniki 2002b), destruir esta floresta ou as do Espírito Santo reduziria o número de aves abaixo de 100 espécies em cada zona, todas elas de áreas abertas. A biodiversidade seria muito menor do que no passado ou no presente. Algumas aves de borda, perto de 30 espécies da Fazenda São José, talvez pudessem sobreviver nas bordas dos canaviais ou da cidade, aumentando a biodiversidade para 130 espécies. Outras 70 espécies da floresta podem sobreviver no caso da preservação da plantação de eucaliptos do Horto Florestal de Rio Claro. No entanto, espera-se que a população da cidade de Rio Claro aumente para mais de um milhão de habitantes no futuro, e pode ser que "assentamentos ilegais" de "sem-teto" e plantações de cana-de-açúcar para "biocombustível" destruam as florestas do Horto Florestal e da Fazenda São José. Caso contrário, a criação de corredores naturais entre estas e outras florestas regionais pode ajudar as aves do sub-bosque que mal conseguem atravessar áreas abertas sob o sol tropical.

Pequeno incêndio no bosque

Uma secção de alguns hectares que atravessa uma zona estreita na parte ocidental da floresta pegou fogo no final do inverno de 2001. As sete visitas realizadas até abril de 2002 registaram muitos camartelos, o camartelo-de-colarinho-duplo *Sporophila caerulescens*, até um híbrido, o camartelo-de-dubois *S. 'ardesiaca'* e os gralhas-azuis *Volatinia jacarina* de bordos abertos a entrar para apanhar sementes de erva, mais alguns abutres-pretos *Coragyps atratus* e caracarás-do-sul *Caracara plancus*, além de um casal de rolas-azuis *Claravis pretiosa*. Era mais fácil ver os beija-flores nas flores do ingá, *Inga* sp. (Fabaceae). Muitas aves florestais ainda se encontravam nas proximidades ou entrando em pequenos remanescentes de floresta na área ardida, provavelmente indivíduos deslocados pelo fogo.

Uma vez que as aves das orlas abertas podem tirar partido das áreas de floresta ardida, os incêndios florestais podem ter deixado lugares para algumas das aves das áreas abertas antes da chegada do homem, aumentando a biodiversidade anterior para além das 257 espécies aqui estimadas.

Como as aves que desaparecem são as grandes e mais visíveis, há necessidade de corredores entre os vários pequenos fragmentos, que estão a poucos quilómetros de distância. Como conseqüência, e com a vantagem adicional de não queimar os canaviais, poderíamos não apenas manter a diversidade de aves, mas talvez aumentá-la com o tempo. Maiores porções de floresta no interior do estado de São Paulo são necessárias, como ponto de parada para aves migratórias, para a proteção das aves florestais e especialmente para as aves que estão lentamente se encaminhando para a lista de extinção.

6. PODERÃO OS CORREDORES NATURAIS ABRANDAR O "TRÂNSITO DE BANDIDOS"?

EDWIN O. WILLIS

AGRADECIMENTOS

Agradeço a ajuda de Johan Ingels, que reviu uma versão anterior deste artigo, e de Yoshika Oniki-Willis, que ajudou na logística. Publicação nº 66 do Instituto de Estudos da Natureza.

Pequenas áreas de habitat natural, especialmente as isoladas por água e outras matrizes difíceis de atravessar, conduzem frequentemente a extinções locais de plantas e animais. Na década de 1960, observei extinções locais de pequenas populações de aves que seguiam formigas do exército na Ilha Barro Colorado, uma reserva florestal de 1.500 hectares no Lago Gatun, criada no início do século XX para construir a secção central do Canal do Panamá (Willis 1974). Trabalhando na Universidade de Princeton com Robert H. MacArthur no início da década de 1970, observei a sua teoria e a de E. O. Wilson sobre extinção versus colonização na biogeografia de ilhas (MacArthur & Wilson 1967) e percebi que áreas naturais maiores poderiam preservar melhor as espécies, especialmente se o movimento através da matriz humana ou outra fosse possível. Fiz circular uma proposta preliminar para deixar uma matriz natural à volta das zonas humanas, e as ideias rapidamente suscitaram discussões, nomeadamente após Wilson & Willis (1975).

Uma das ideias que suscitou discussão foi a da ligação de áreas naturais com "corredores". Algumas espécies não precisam de corredores, sendo capazes de atravessar quase qualquer matriz melhor do que as minhas aves florestais isoladas pela água no Barro Colorado. Essas espécies "metapopulacionais" foram enfatizadas em muitas publicações recentes, especialmente por cientistas de áreas não tropicais e não florestais, onde as espécies que atravessam a matriz são comuns. Mesmo em florestas tropicais, algumas espécies atravessam áreas abertas, embora algumas não consigam encontrar parceiros ou reproduzir-se com sucesso e morram, um "sumidouro" no artigo de Pulliam (1988) sobre fontes/reservas de ligação. Já falei de aves de florestas tropicais "propensas a viajar" em Willis (1979) e agora sei de muitas outras espécies. No entanto, muitas outras espécies das florestas tropicais ou mesmo das savanas não são susceptíveis de viajar.

Os corredores contribuem muitas vezes para a deslocação de espécies não-metapopulacionais entre zonas de habitat, tal como foi referido por muitos autores após a década de 1970. No entanto, os corredores podem ter desvantagens, nomeadamente como proposto num artigo teórico de Simberloff & Cox (1987). Estes autores e outros posteriores não verificaram as suas ideias no terreno e a investigação continua a ser necessária. No entanto, vale a pena discutir a extensão das suas ideias para propor que devemos ter cuidado com as megacidades e outras áreas de povoamento generalizado, ligadas por "corredores humanos".

Como referem Simberloff & Cox (1987), os corredores podem transmitir doenças e parasitas entre populações isoladas em cidades ou reservas diferentes. É verdade que as doenças e os parasitas são organismos pequenos e numerosos, que normalmente viajam facilmente entre áreas isoladas através da água, do vento e de dezenas de outras formas; são frequentemente "metapopulações". Os corredores podem também levar à transferência de genes ou ideias entre populações humanas ou outras, causando a falta de adaptação local a habitats algo diferentes. É claro que ainda se registaria alguma evolução local, com a perda de genes ou ideias "exteriores" mal adaptados. Os corredores podem levar à disseminação de "ervas daninhas" ou "pragas" introduzidas e de outras espécies estranhas, embora estas espécies cheguem frequentemente mesmo sem corredores, através de movimentos e introduções humanas.

Estas ideias levam a uma nova: as áreas humanas talvez devessem ser isoladas numa matriz de habitats naturais, em vez do contrário. Não seria melhor preservar as comunidades humanas locais, evitando doenças e outros "bandidos" que vagueiam em grande número pela paisagem não natural? Não seria melhor dividir as cidades e os municípios espalhados por todo o lado numa matriz natural? Os seres humanos poderiam continuar a deslocar-se por ar, pontes ou túneis, mas com um melhor controlo local dos problemas?

É frequente ver, na televisão e noutros meios, casos de bandidos que utilizam várias ruas ou entradas para evitar o controlo da polícia ou dos observadores. Se houvesse zonas naturais a separar essas cidades, com entradas ocasionais ou aeroportos, seria mais fácil controlar os movimentos de drogas, mercadorias ilegais, criminosos e afins. As populações locais conhecer-se-iam melhor, evitando a falta de comunicação. Talvez eu esteja a ficar excessivamente impressionado com os constantes relatos de problemas de segurança na enorme cidade vizinha de São Paulo, enquanto eu vivo numa das muitas cidades médias aparentemente mais calmas do interior agrícola, mas o assunto parece digno de estudo, mesmo por sociólogos.

A entrada e a origem de grupos terroristas poderiam ser evitadas mais facilmente se se deixassem áreas naturais em redor, com menos rotas para transportar explosivos do que as múltiplas rotas atualmente disponíveis nas grandes cidades. Pequenos grupos agressivos em áreas locais também se transformam em grandes organizações em zonas muito extensas, sem consultar os seus vizinhos.

A entrada de doenças e de "ervas daninhas" seria difícil de controlar, mesmo com os seres humanos a viverem em manchas numa "matriz natural". No entanto, as pessoas doentes que entrassem poderiam ser encaminhadas para cuidados médicos em alguns casos. A transferência de ervas daninhas e de pragas em zonas agrícolas muito disseminadas poderia ser limitada, ou mesmo evitada.

Outra desvantagem das grandes cidades ou das zonas agrícolas sem corredores naturais que separem os "municípios" é o facto de as pessoas começarem a percorrer longas distâncias para trabalhar ou comprar bens, em vez de se deslocarem para a vizinhança ou comprarem coisas nas lojas locais. Os grandes e barulhentos centros comerciais aumentam as rendas e, ultimamente, estão a ser considerados inconvenientes, surgindo as lojas locais como no passado. Os centros das cidades, abandonados devido às rendas elevadas e às dificuldades de transporte, custam muito a reconstruir. As pessoas já não se conhecem, brigam ou ignoram-se cada vez mais.

A concorrência e o "stress" parecem ser piores nas grandes cidades, mesmo nas grandes explorações agrícolas. É preciso ser extremamente "bonito" ou "dominante" se houver muitos concorrentes. As mulheres têm de pintar o cabelo, usar silicone, vestir roupas caras, ter casas ou apartamentos grandes. Os homens têm de bater muitas bolas, dançar muito, exibir-se com carros grandes, ser mandões. Em comunidades separadas, haveria menos concorrentes para comparação. As novas ideias continuariam a surgir em pequenas comunidades. A evolução dos animais pode ocorrer em populações isoladas, ou talvez mais em semi-isoladas. As famílias numerosas também têm mais concorrência, sem qualquer prova de que os filhos mais velhos sejam mais inteligentes ou produtivos.

A poluição nas grandes cidades é muitas vezes difícil de controlar, em parte devido às grandes quantidades de gases dos camiões e dos automóveis, mas também porque as comunidades locais vigiam melhor as suas indústrias locais, os sistemas de água e de esgotos e até os vizinhos poluidores. Os corredores de áreas naturais também separam as zonas humanas poluídas das não poluídas, tornando mais óbvio quem está a explorar demasiado a região ou o mundo. Os moradores de apartamentos desperdiçam água e eletricidade se as cargas não forem separadas por cada apartamento, ou numa única família.

As áreas naturais e os corredores em torno de áreas povoadas são semelhantes aos "bens comuns" que outrora rodeavam as povoações, mas não têm as desvantagens da exploração excessiva por certos membros da comunidade, como sugeriu Hardin (1968). São melhores do que os "corredores" agrícolas, que podem ser roubados ou sobreutilizados. Não são utilizados, ou são utilizados apenas para recreio, com pequenos trilhos, talvez até edifícios subterrâneos ou locais de acampamento, ou para reduzir a poluição ou fornecer água. Os corredores semi-naturais, com a utilização local de alguns produtos florestais ou do ecoturismo, podem levar à sobre-exploração, como sugeriu Hardin, e necessitariam de controlo local e nacional. Aqueles que utilizam os corredores naturais, ou as zonas residenciais próximas que obtêm preços elevados pelos seus terrenos devido às belas áreas verdes existentes, poderiam pagar uma "renda" às organizações governamentais ou não governamentais que cuidam dos corredores naturais. O uso continuado nas zonas humanas de costumes locais e "sociais" poderia continuar, em vez de desaparecer com a expansão da cidade.

Os corredores naturais através das cidades ou zonas agrícolas poderiam corrigir outro problema importante da preservação das zonas naturais: as pessoas tendem a deixar parques ou manchas de habitat apenas em zonas agrícolas pobres, como os topos de colinas secas ou zonas rochosas. As melhores zonas agrícolas são então cobertas por estradas e cidades em expansão. As redes naturais, com os seres humanos em parcelas, deixariam algumas zonas naturais em todos os tipos de áreas, e não apenas nas rochosas, secas ou inundadas. As pessoas tenderiam a deixar essas zonas principalmente nas zonas inundadas, para evitar as inundações nas cidades, mas não necessariamente. As inundações e as secas poderiam ser evitadas deixando corredores naturais, é claro.

O contacto direto das crianças e de outras pessoas com áreas naturais, talvez através de trilhos e de esforços educativos ou de ecoturismo, poderia ajudar a evitar problemas sociais e outros de vários tipos. Estes contactos seriam mais fáceis com a existência de corredores naturais. Os parques ou jardins locais e isolados poderiam servir o mesmo objetivo, mas tendem a desaparecer gradualmente com o aumento da utilização privada ou pública ao longo do tempo; as "cidades" estão constantemente a crescer para cima e para fora, e os parques urbanos recebem cada vez mais edifícios e passeios ou jardins artificiais.

Os problemas que surgem com o contacto com a natureza podem ocorrer. Haveria mais doenças como a malária ou animais como escorpiões ou tigres a sair da floresta? Sabe-se que a maioria destas "pragas" aumenta em número em pequenas áreas, devido à perda de predadores naturais ou à "libertação de mesopredadores". Os ratos e afins aumentam em número, mas não o fariam em redes naturais interligadas. Até a malária poderia diminuir, uma vez que os mosquitos seriam mais bem controlados pelos seus predadores em redes naturais do que em parques urbanos. As pessoas gostam de limpar o mato ou a vegetação rasteira (reduzindo as aves do sub-bosque, Willis, MS), preocupadas com os criminosos ou as cobras, mas os primeiros ocorrem mais em áreas humanas ou pequenos parques isolados com muitas pessoas em todas as direcções, e os últimos são predados em reservas não isoladas por falcões florestais e similares. A quantidade de bordadura que causa estes problemas pode ser a mesma tanto nas manchas humanas como nas manchas naturais, pelo que a questão é mais a perda de zonas naturais do que a sua distribuição na paisagem.

A "falta" de corredores humanos múltiplos no seio das redes naturais pode causar alguma falta de transferência de genes entre as populações humanas, o que teria desvantagens e vantagens. Os seres humanos deslocam-se facilmente por via aérea, ferroviária, aquática ou em túneis e são muito "metapopulacionais". É improvável que se extingam como aconteceu com as aves na ilha de Barro Colorado, ou que deixem de transferir genes ou se tornem muito consanguíneos, mesmo que vivam em pequenas cidades ou em municípios agrícolas separados por zonas naturais. Tal como sugerido por Simberloff & Cox (1987) para os animais, poderia haver uma adaptação local das pessoas se houvesse um pouco menos de transferência de genes através de grandes corredores humanos.

A transferência de conhecimentos entre "manchas" humanas não seria provavelmente um problema, especialmente com os livros e a Internet atualmente disponíveis. Cada mancha humana poderia desenvolver as suas próprias ideias preferidas, o que seria mais difícil se as áreas humanas formassem uma rede grande e interligada. As ideias de igreja e de grupo parecem estar muito difundidas e tornam-se bastante repetitivas, em grandes áreas povoadas. A transferência de ideias de "bandidos" pode ser menos possível, sendo os humanos menos capazes de contornar as ideias locais se houver menos bandidos em cada mancha humana ou se os seus grupos estiverem separados por redes de corredores naturais. Seria necessário ter cuidado para que os bandos de bandidos locais ou os residentes ricos e mandões não esmagassem outras pessoas ou grupos na comunidade local, ou que as ideias incorrectas não dominassem. No entanto, estes problemas existem mesmo em cidades muito espalhadas ou em zonas humanas agrícolas.

É claro que os imigrantes que se reproduzem rapidamente, ou que são desonestos ou agressivos, podem tomar o lugar das populações locais se as cidades continuarem a expandir-se. No entanto, em áreas humanas separadas, os imigrantes geralmente adoptam os costumes locais, pelo que a divisão das cidades não deve levar a mais ataques contra ou por imigrantes do que os que ocorrem em cidades muito espalhadas. Os grupos especialmente agressivos ou racistas são mais difíceis de organizar se as comunidades estiverem separadas e se tivermos de ajudar os vizinhos em vez de indivíduos distantes. É preciso ter o cuidado de assegurar que os grupos locais tomam conhecimento dos problemas externos, como é óbvio.

Se as cidades ou as zonas agrícolas forem separadas por corredores naturais, as áreas de propriedade privada poderão ter de passar para áreas públicas e as pessoas poderão ter de se deslocar com a ajuda do governo ou de ONG. As despesas poderiam ser justificadas por uma maior preservação das espécies naturais, mas também por uma melhor proteção ou beleza das cidades humanas. Hoje em dia, os reservatórios requerem normalmente estes processos, enquanto aqui no Brasil milhões de dólares de impostos por ano compram grandes fazendas que são entregues a famílias "pobres sem terra", com milhões adicionais para fornecer ajuda agrícola, estradas, eletricidade e escolas.

Devo admitir que a minha sugestão original para proteger as aves não foi a de "criar" corredores entre parques. Sugeri que os seres humanos se limitassem a manchas locais, ou mesmo que deixassem de se "expandir", deixando a natureza como uma rede, sem especificar a percentagem da paisagem utilizada por cada um, mas sugerindo alguns grandes parques. A ideia e o artigo foram rejeitados por várias revistas importantes. E. O. Wilson inverteu a minha sugestão, indicando apenas que as zonas naturais fossem preservadas, e o nosso artigo foi aceite. Sugiro agora que a minha ideia original também pode ter sido correcta, mas por razões humanas e naturais que eu estava a considerar na altura. A ideia será certamente controversa, mas mesmo as ideias controversas merecem ser discutidas. Penso que os animais não-metapopulacionais podem ser ajudados por corredores, mas os seres humanos e a maior parte das suas ideias podem ser transferidos sem necessidade de um contacto amplo ou direto; nós e as nossas ideias somos muito propensos a viajar e não precisamos de nos espalhar com a destruição da natureza que lhe está associada, apenas de "manchas" humanas locais.

7. BANHOS DE POEIRA NOS PARDAIS: AINDA UM MISTÉRIO

YOSHIKA ONIKI-WILLIS

EDWIN O. WILLIS

AGRADECIMENTOS

Publicação nº 67 do Instituto de Estudos da Natureza. Este trabalho foi publicado em português na Revista SOM (39): 11-12 em 1991.

RESUMO

São apresentadas observações sobre banhos de pó em pardais domésticos (*Passer domesticus*). Apesar de ser considerada uma atividade importante para manter a saúde da ave, o tema dos banhos de poeira é ainda nebuloso e merece um estudo mais aprofundado.

INTRODUÇÃO

O banho de areia ou de pó nas aves, como foi sugerido por muitos autores, pode ajudar no controlo de ectoparasitas (Kennedy, 1969) e ser utilizado na manutenção e limpeza das penas (Hooper 1984). Healy & Thomas (1973), no entanto, verificaram em codornizes japonesas (*Coturnix c. japonica*) em cativeiro, em amostras de penas de aves que tomaram banho de pó, um melhor alinhamento das farpas e uma diminuição da descamação celular com menor teor de humidade nas penas.

O banho de poeira tem sido observado em aves da família Tinamidae, Cracidae, Columbidae (Goodwin 1956) e Cariamidae (Van Tyne & Berger 1976) e é uma cena comum nos quintais, onde as galinhas (*Gallus gallus*) se banham frequentemente na poeira. No nosso quintal, observou-se que, embora outras espécies de aves ocorram e possam ser observadas diariamente, apenas os pardais (*Passer domesticus*, Linnaeus 1758) se banham regularmente na areia e quase diariamente durante todo o ano.

A data exata da introdução dos pardais no Brasil é incerta, mas segundo Sick (1959), há várias possibilidades, embora seja correto que tenha ocorrido no início do século passado. Após sua introdução da Europa, o pardal se espalhou com sucesso nas áreas urbanas brasileiras. A ave invadiu a região norte somente após a construção de novas estradas, incluindo a Belém-Brasília e a Transamazônica. Hoje, o pardal é a espécie mais comum em cidades do sul, como Rio Claro, no estado de São Paulo. No final do dia, os pardais se reúnem ruidosamente nas árvores ao longo das ruas e parques da cidade e, em muitos casos, pela manhã, incomodam a população humana com o mau cheiro causado por suas fezes.

Olhando pela janela de casa, podemos ver alguns pardais a voar pelos jardins e pátios, embora outras aves urbanas possam estar presentes, como as gralhas (*Troglodytes aedon*, Troglodytidae), as rolas-do-mar (*Columbina talpacoti*, Columbidae) e os pardais-de-bico-vermelho (*Zonotrichia capensis*, Passeriformes). Atualmente, o pombo-torcaz (*Patagioenas picazuro*, Columbidae) é também muito comum. Então, é de se perguntar por que o pardal, sendo uma ave introduzida, teve tanto sucesso no Brasil.

São vários os factores que podem ter contribuído para este sucesso. Em primeiro lugar, há o clima tropical ou subtropical, sem grandes extremos de temperatura, que favorece um longo período de reprodução. Em segundo lugar, há abundância de locais de nidificação, uma vez que a espécie constrói os seus ninhos em parapeitos de casas e em árvores. Há abundância de material de nidificação, mas os pardais são flexíveis ao ponto de utilizarem desde folhas e raízes de gramíneas até pequenos pedaços de fios, arames, tecidos, fitas, fios de cabelo ou papéis. Em terceiro lugar, são generalistas nos seus hábitos alimentares, comendo tudo o que encontram à volta de uma casa, desde grãos de arroz, milho, insectos no chão, sementes, frutos e insectos nos jardins e nas árvores. Em quarto lugar, têm um comportamento de limpeza, incluindo o banho de pó, que é uma atividade de manutenção das suas penas.

Há mais de 15 anos que trabalhamos com várias dezenas de pardais para vários projectos diferentes, capturando-os em redes de neblina, estudando-os e libertando-os posteriormente e, em alguns casos, taxidermizando-os para a nossa pequena coleção de aves no Departamento de Zoologia. Nessas ocasiões, nas aves capturadas, procurámos sempre ectoparasitas, especialmente carraças, larvas e piolhos. No entanto, os piolhos não são facilmente encontrados em pardais saudáveis. Impressionados com este facto, começámos a observar mais cuidadosamente as aves à volta da nossa casa.

Assim, uma cena comum, cotidiana e rotineira nos chamou a atenção: após localizar um local com areia fofa em nosso quintal, 1 a 10 indivíduos se agregam, descendo das árvores ao redor ou do telhado da casa e sentam na areia, e começam a movimentar o corpo lateralmente ao mesmo tempo em que sacodem fortemente as asas e as penas do corpo, enterrando-se na areia de forma que, à distância, só se vê a cabeça e a cauda em movimento. Após alguns movimentos deste tipo, bicando a areia algumas vezes à sua frente, deslocam-se para a cavidade seguinte deixada por outro indivíduo e, passados alguns minutos, voam todos para uma árvore próxima, onde permanecem imóveis durante algum tempo ou coçam as asas com o bico.

Os movimentos efectuados com o corpo durante o banho na areia são semelhantes aos efectuados durante a construção do ninho. Quando um ou três indivíduos começam a chamar e a mover-se na areia, outros indivíduos juntam-se a esta atividade. Assim, este grupo social em zonas abertas, pode ajudá-los a vigiar os predadores.

Este grupo na areia pode ser observado durante todo o ano e mesmo uma ou duas horas após uma chuva forte durante os meses de verão, entre dezembro e fevereiro, quando a camada superior da areia está quente e quase seca. No dia 6 de maio de 1985, a temperatura da areia era de 19,6^{o} C às 11 horas da manhã, medida pouco depois da partida das aves. Em 25 de fevereiro de 1985, às 12:40, a temperatura da areia era de 25,5.^{o} C, enquanto a temperatura do ar era de 24° C. No dia 2 de janeiro de 1986, ao meio-dia, dois casais de rolas-do-mar *Columbina talpacoti* estavam perto dos pardais e das suas depressões na areia. No dia anterior, eu tinha arrancado algumas ervas e capim à volta desta área, de modo que a areia se deslocou, revelando sementes, vermes e alguns casulos de insectos. Os pardais estavam a banhar-se na areia normalmente e as pombas andavam de um lado para o outro, finalmente aproximaram-se das escavações dos pardais e ficaram imóveis sem os movimentos enérgicos do corpo e das asas dos pardais. Em poucos segundos, as pombas levantaram-se e abandonaram as depressões. Este comportamento nos Columbídeos foi também observado por Goodwin (1956).

Durante os meses de inverno, de junho a agosto, quando a areia não está muito quente, podemos ver os pardais a banharem-se nas telhas das casas, fazendo um barulho de lata enquanto batem com os pés e atiram areia e pequenos pedaços de detritos da borda da casa. Hooper (1984) encontrou pardais a tomar banho na neve, e descreveu os movimentos semelhantes aos do banho de areia.

Em agosto, quando o sol aquecia a areia, os pardais tomavam banho nas áreas ensolaradas, especialmente depois das 15:00 horas, mas não tomavam banho nas áreas sombreadas como no verão. Se, por alguma razão, a área com areia não fosse macia, os pássaros começavam a usar áreas adjacentes ou no quintal do vizinho onde havia areia macia disponível. Esses fatores, como a condição local (áreas ensolaradas) e características da areia (seca e fofa) como condições para atrair as aves, também foram encontrados por Bump *et al.* (194: 271) em Ruffed Grouse (família Tetraonidae).

Na estação das chuvas de 1986 (fevereiro-março), as chuvas foram tão frequentes que a areia não estava tão seca e os pardais não tomavam banho. Quando o sol aquecia as caleiras de zinco, alguns indivíduos tomavam aí um breve banho.

O pombo-das-rochas, *Columba livia* (Columbidae) é também outra ave introduzida que alcançou grande sucesso em áreas urbanas, mas não se banha na areia com tanta frequência. No entanto, este pombo é, de uma forma geral, protegido pela população que lhe deita comida como milho, arroz, pão e lhe prepara um local de nidificação.

W. J. Woodman & J. Dicke (in Summer-Smith 1963: 132) examinaram 391 pardais no Wisconsin (E.U.A.) imediatamente após a morte e encontraram 55 deles infectados por piolhos. Hein (1970), por outro lado, recolheu o substrato da borda e da superfície da depressão da areia de banho, e peneirou a areia através de 6 tipos de peneiras, cada uma com a malha mais pequena, mas não encontrou qualquer parasita que pudesse ter caído das aves durante o banho de poeira. Numa observação direta da superfície e das depressões da areia, também não encontrámos qualquer parasita.

DISCUSSÃO

Apesar de já terem sido registados nas famílias Tinamidae, Cracidae, Columbidae e Cariamidae, de uma forma geral, os dados disponíveis sobre os banhos de areia das aves neotropicais são escassos e o assunto ainda não é bem compreendido, sendo necessária uma discussão, uma vez que são levantadas várias possibilidades quanto à razão pela qual as aves se banham na poeira.

Alguns defendem que os banhos de pó controlam a presença de ectoparasitas e promovem a limpeza: ajudam na redução do óleo e da humidade ou no alinhamento das penas.

Em Rio Claro, SP, os pardais tomavam banho de areia com muita freqüência, exceto em dias de chuva ou quando a areia não estava disponível por estar molhada ou dura. Nesses casos, eles utilizavam as calhas das casas, indicando que o banho de areia é uma atividade importante. Consequentemente, imaginamos que as pontas das remiges e dos rectrices estavam desgastadas na maioria das aves examinadas devido ao banho de pó. No entanto, este desgaste pode também dever-se ao facto de se encontrarem empoleirados ou em cavidades de nidificação.

Os pardais podem estar expostos a um grande risco de infestação por parasitas que podem viver nos ninhos devido ao uso continuado. No entanto, os banhos reduzem a oleosidade e o teor de humidade da sua plumagem, mantêm as penas alinhadas e recuperam as escamas naturais do seu corpo. Assim, significa que ajuda a manter a ave em perfeita saúde e condição física, factores importantes que ajudam a evitar o aumento do número de piolhos, carraças ou larvas.

O aumento de ectoparasitas dá-se rapidamente quando a ave está doente ou debilitada ou não pode fazer a muda devido a uma perna ou asa partida. Isto impede a ave de se empoleirar regularmente. No entanto, é de salientar que não encontrei ectoparasitas na areia depois de as aves se terem banhado, tal como Hein (1970), que passou a areia por seis tipos diferentes e decrescentes de redes. É possível que os pardais sejam muito eficientes na limpeza das suas penas.

Assim, o banho de poeira nos pardais e noutras aves ainda não é bem compreendido e está aberto a especulações, embora saibamos que esta atividade é de alguma forma muito importante para as aves.

8. PÁSSARO A BANHAR-SE NUMA CAVIDADE NATURAL DE UMA ÁRVORE YOSHIKA ONIKI-WILLIS

EDWIN O. WILLIS

AGRADECIMENTOS

Y. O.-Willis recebeu uma bolsa do Conselho Nacional de Desenvolvimento Científico e Tecnológico (CNPq) através do Projeto Polonoroeste da Universidade Federal de Mato Grosso no Brasil. Heloisa Figueiredo da SEMA (Secretaria do Meio Ambiente) concedeu permissão para as visitas à Estação Ecológica Serra das Araras. João Paulo Moreira Reis e Fabio Akashi Hernandes ajudaram na logística. Publicação nº 68 do Instituto de Estudos da Natureza.

Este trabalho foi publicado em português em 1989, na Revista SOM (38): 13-15.

O banho nas aves é uma atividade comum observada principalmente nas aves em cativeiro. Oniki (1984) descreveu o banho de uma coruja-das-torres tropical, *Megascops choliba* (Strigidae) em semicativeiro. Para as zonas neotropicais, Willis (1967, 1973, 1979) descreveu o banho de várias espécies de formigas. Nos países temperados, Hooper (1984) e Londei (1986) descreveram aves que se banham na neve; Hein (1970) e Healey & Thomas (1973) descreveram banhos na areia e Kennedy (1969), banhos ao sol. Bump *et al.* (1947) e Goodwin (1956) descreveram banhos de aves na areia e na água. Summers-Smith (1963) descreveu o banho de pardais, assim como Oniki (1991). Willis observou um Tanager *Tangara chilensis* (Thraupidae) banhando-se na água dentro de uma bromélia em El Paraiso, Caquetà, Colômbia em abril de 1962.

Na natureza, as observações são acidentais, uma vez que as aves em geral não se banham várias vezes por dia e os seus locais de banho, uma vez descobertos, têm de ser constantemente vigiados para se poder estudar o seu comportamento balnear.

A ontogenia do comportamento de banho nas aves não é bem conhecida, mas o banho de água pode ocorrer nos dias quentes durante o verão, mas algumas aves tomam banho mesmo durante o inverno. Alguns autores pensam que os movimentos de banho estão relacionados com o comportamento de construção do ninho.

Este é um dos comportamentos discretos em que as aves têm de ser seguidas durante todo o dia para se conseguir alguns minutos de observação.

No presente trabalho, descrevemos três dos cinco tipos citados por Simmons (1963) para localidades brasileiras ou neotropicais, para as quais as informações são escassas devido ao menor número de estudantes em comparação com as zonas temperadas.

Na Estação Ecológica da Serra das Araras (15° 39' S, 57° 13' W, Mato Grosso), onde Y. O.-Willis estava fazendo um censo de aves, ela encontrou uma árvore de cerca de 28 m de altura, chamada localmente de "carijó", que se bifurcava a cerca de 15 m de altura e nela ela podia ver aves tomando banho durante as horas quentes do dia. A árvore ficava no limite do Ribeirão Saloba.

O banho foi observado pela primeira vez no dia 23 de fevereiro de 1987, às 14:40, quando dois indivíduos (um casal?) de Araçari-preto, *Pteroglossus inscriptus* (Ramphastidae) (Tabela 1), começaram a tomar banho e seus chiados altos chamaram sua atenção. Para beber a água, um indivíduo molhava o bico e o levantava por cerca de 25° e abaixava em seguida. Uma ave saiu da piscina e limpou o bico de cada lado de cada vez, enquanto a outra permaneceu na água com a cabeça para fora; logo virou de cabeça para baixo e para cima novamente e colocou todo o bico na água. Logo, subiu até 40 cm acima da piscina e voou silenciosamente; o seu par estava a 2m acima da piscina, com o corpo afofado, a preparar-se e a secar-se.

No dia 27 de fevereiro, às 12:31, um pica-pau-de-testa-amarela, *Melanerpes flavifrons* (Picidae), estava ocupado a tomar banho e a fazer "tchap!" várias vezes, ficando completamente molhado ao mergulhar várias vezes na piscina.

No dia 28 de fevereiro, às 15:15, chegaram dois indivíduos de carriça, *Campylorhynchus turdinus* (Troglodytidae), provavelmente jovens, chamando em voz alta e duas pombas no charco, que emergiram juntas, sacudiram as asas e as caudas e voltaram a descer, beberam um pouco de água e voltaram a mergulhar; ao sair, sacudiram novamente as asas e as caudas, cantando de cada vez. Às 15:18, um terceiro pássaro chegou e entrou na piscina enquanto os outros dois subiam pelo tronco e pousavam a 1 m acima da piscina num ramo fino horizontal onde sacudiam os corpos para os secar. Às 15:20, um rastejou pelo tronco enquanto dois voltaram a banhar-se repetidamente, mas desta vez não cantaram. Um permaneceu à beira da piscina e preparou o peito, com as penas da cabeça levantadas. Às 15:22, um emergiu completamente molhado, olhou para fora e subiu ao tronco.

Às 15:31, um saíra-das-palmeiras, *Thraupis palmarum* (Thraupidae) chegou sozinho e tomou banho rapidamente e voou até uma palmeira babaçu (*Orbygnya* sp., Palmae) onde se empoleirou numa folha e sacudiu o corpo, com o bico limpou a asa direita e depois saiu e sacudiu o corpo até às 15:35 quando voou com um chamado fino.

No dia 2 de março às 13:30, dois indivíduos de *Campylorhyncus turdinus* e no dia 5 de março às 14:05, um indivíduo tomou banho nesta mesma árvore. No dia 13 de março, às 13:10, um indivíduo que se alimentava ativamente numa árvore com flores brancas, talvez apanhando alguns insectos, aproximou-se do charco com chamamentos "tch, tch", bebeu água e continuou a chamar. Um minuto depois, subiu 3 m no tronco, virando-se para um lado e para o outro, dando a impressão de um pequeno rato que se arrastava rapidamente pela árvore. Provavelmente, este era um dos três filhotes que perambulavam juntos na área e que tomaram banho no dia 28 de fevereiro, pois outro indivíduo veio até a árvore de banho às 13:17, empoleirou-se em um galho horizontal, circulou o galho e voou para uma árvore próxima que começava a subir e um indivíduo estava lascando em uma palmeira babaçu a cerca de 10 m do local do banho.

O banho de água durava de 1 a 7 minutos, sendo um para umminuto foi observação para indivíduo e 7 minutos para três indivíduos.

QUADRO 1. Banhos de aves num cavidade natural, Serra das Araras, MT

DATA	HORA DE CHEGADA	ESPÉCIES	NÚMERO DE INDIVIDUAIS	BANHO TEMPO (min.)
23.2.1987	14:40	*Pteroglossus inscriptus*	2	5
27.2.1987	12:31	*Melanerpes cruentatus*	1	2
28.2. 1987	15:15	*Campylorhynchus turdinus*	3	7
28.2. 1987	15:31	*Thraupis palmarum*	1	1
2.3. 1987	13:30	*Campylorhynchus turdinus*	2	-
5.3. 1987	14:05	*Campylorhynchus turdinus*	1	1
13.3. 1987	13:10	*Campylorhynchus turdinus*	1	1

Figura 1. Pormenor da forquilha com a ave na banheira (esquerda); vista frontal da árvore com cavidade natural (direita).

DISCUSSÃO

Os dois principais tipos de banho em passeriformes citados por Simmons (1963), ou seja, "banhar-se em pé em águas rasas e banhar-se pulando para dentro e para fora da água" foram observados, na Serra das Araras, mas também em Ramphastidae (*Pteroglossus inscriptus*) e em Picidae (*Melanerpes flavifrons*).

As aves foram observadas a banhar-se principalmente à tarde, entre as 13:10 e as 14:40, apesar de as temperaturas serem muito elevadas na maioria das manhãs na zona; alguns dias estavam a 28° C às 08:00 da manhã. Os seus gritos altos quando chegavam à piscina chamavam a atenção de todos os que passavam ou estavam sentados nas proximidades. As sessões de banho nunca eram demasiado longas, pois duravam em média 2,8 minutos, e depois as aves permaneciam empoleiradas na mesma árvore ou em árvores próximas, a pregar a plumagem e a bater as asas e as caudas de vez em quando para as secar.

Em casos como este, em que várias espécies de aves se banham numa cavidade natural de uma árvore, é de se perguntar se a água pode servir de reservatório para eventuais ectoparasitas como carrapatos, ácaros ou piolhos que são largados e passam para outra ave visitante ou mesmo nematódeos do tipo *Pelecinus helicinus* (Molin, 1860) que encontramos em várias espécies de aves na Fazenda São José, Estado de São Paulo, Brasil. Outro perigo que não deve ser negligenciado é a possibilidade de que as aves barulhentas possam ser avistadas por predadores maiores.

BIBLIOGRAFIA

(1)

INICIADO, D. R. 2003. Planet of the apes. Sci. Amer. 289(2): 64-73.

BOCK, W. J. & W. D. MILLER. 1959. The scansorial foot of the woodpeckers, with comments on the evolution of perching and climbing feet in birds. Am. Mus. Novitates 1931: 1-45.

DE BEER, G. R. 1937. *The development of the vertebrate skull.* Oxford Univ. Oxford.

DIAL, K. P. 2003. Evolution of avian locomotion: correlates of flight style, locomotor modules, nesting biology, body size, development, and the origin of flapping flight. Auk 120: 941-952.

DODSON, P. 2003. O fascínio do Lagarto - Porque é que os paleontólogos de dinossauros adoram jacarés, crocodilos e seus parentes? Anat. Record 274A: 887-890.

EISTHEN, H. L. 1997. Evolução dos sistemas olfactivos dos vertebrados. Brain Beh. Evol. 50: 222-233.

FARMER, C. G. 2003. Reproduction: the adaptive significance of endothermy (Reprodução: o significado adaptativo da endotermia). Am. Nat. 162: 826-840.

FEDUCCIA, A. 2002. As aves são dinossauros: uma resposta simples para um problema complexo.

Auk 119: 1187-1201.

FEDUCCIA, A. & J. NOWICKI. 2002. A mão das aves revelada por embriões precoces de avestruz. Naturwiss. 89: 391-393.

HOMBERGER, D. G. & K. N. DE SILVA. 2000. Microanatomia funcional do tegumento de sustentação das penas: implicações para a evolução das aves e do vôo aviário. Am. Zool. 40: 553-574.

LINGHAM-SOLIAR, T. 2003. Evolução das aves: as fibras do tegumento dos ictiossauros estão em conformidade com as proto-penas dos dromaeossauros. Naturwiss. 90: 428-432.

LONG, C. A., G. P. ZHANG, T. F. GEORGE & C. F. LONG. 2003. Física

teoria do voo, origem do voo, e uma síntese proposta para as aves. J. Theor. Biol. 224: 926.

MAYR, E. & W. J. BOCK. 2002. Classificações e outros sistemas de ordenação. J. Zool. Syst. Evol. Res. 40: 169-194.

MILLER, J. R., J. A. WIENS, N. T. HOBBS & D. M. THEOBALD. 2003. Effects of human settlement on bird community in lowland riparian areas of Colorado (USA). Ecol. Appl. 13: 1041-1059.

POUGH, F. H., C. M. JANIS & J. B. HEISER. 2001. *Vertebrate Life*, 6th Ed., Prentice-Hall.

PRUM, R. O. 2002. Why ornithologists should care about the theropod origins of birds. Auk 119: 1-17.

YATES, A. M. & J. W. KITCHING. 2003. The earliest known sauropod dinosaur and the first steps toward sauropod locomotion. Proc. Roy. Soc. Lond. B 270: 17531758.

ZHANG, F., Z. ZHOU, X. XU & X. WANG. 2002. Um terópode coelurosauriano juvenil da China indica hábitos arbóreos. Naturwiss. 89: 394-398.

(2)

BOCK, W. J. & P. BÜHLER. 1995. Origin of birds: feathers, flight and homoiothermy. Archaeopteryx 13: 5-13.

BRUSCA, R. C., E G. J. BRUSCA. 1990. *Invertebrados*. Sinauer, Sunderland.

CARROLL, R. L. 1997. *Patterns and processes of vertebrate evolution*. Cambridge, Reino Unido: Cambridge University Press.

CISNEROS, J. C., R. DAMIANI, C. SCHULTZ, A. DA ROSA, C. SCHWANKE, L. W. NETO & P. L. P. AURÉLIO. 2004. Um réptil procolofonóide com fenestração temporal do Triássico Médio do Brasil. Proc. Biol. Soc. Lond. B 271: 1541-1546.

CRISP, M. D. & L. G. COOK. 2005. As primeiras linhagens ramificadas significam traços ancestrais? TREE 20: 122-128.

MAYR, E. & W. J. BOCK. 2002. Classificações e outros sistemas de ordenação. J. Zool. Syst. Evol. Res. 40: 169-194.

MODESTO, S. P. & J. S. ANDERSON. 2004. A definição filogenética de Reptilia. Syst. Biol. 53: 815-821.

ROMER, A. S. 1945. *Vertebrate paleontology*. Chicago: Univ. Chicago Press.

VARRICCHIO, D. J. 2001. Gut contents from a Cretaceous tyrannosaurid: implications for theropod dinosaur digestive tracts. J. Paleo. 75: 401-406.

WILLIS, E. O. 2000. Adeus, preconceito monapsídeo? Ciência e Cultura 52: 146-147.

(3)

BOCK, W. J. & W. D. MILLER. 1959. The scansorial foot of the woodpeckers, with comments on the evolution of perching and climbing feet in birds. American Museum Novitates 1931: 1-45.

SHINE, R. 1996. Life-history evolution in Australian snakes: a path analysis. Oecologia 107: 484-489.

WALANKIEWICZ, W. 1991. As aves que nidificam em cavidades secundárias sofrem mais com a competição por cavidades ou com a predação numa floresta decídua primitiva? Natural Areas Journal 11: 203-212.

WALANKIEWICZ, W.& C. MITRUS. 1997. Como os dados das caixas-ninho conduziram a generalizações erróneas: o caso da competição entre o chapim-real *Parus major* e os papa-moscas *Ficedula*. Ata Ornithologica 32(2): 209-212.

(4)

GORE, A. 1992. *Earth in the balance*. Houghton Mifflin. 407 pp.

HOFLING, E. & CAMARGO, H. F. de A. C. 1993. *Aves no Campus: Cidade Universitària Armando de Salles Oliveira. São Paulo* : Instituto de Biociências/USP. 126 pp.

MAGALHAES, J. C. R. de. 1999. *As aves na Fazenda Barreiro Rico*. São Paulo: Plêiade. 215 pp.

PARKER III, T. A. & WILLIS, E. O. 1997. Notas sobre três pequenos papa-moscas de pradaria, com comentários sobre o desaparecimento das savanas sul-americanas diversificadas pelo fogo. Ornithol. Monogr. 48: 549-555.

PULLIAM, R. 1988. Sources, sinks, and population regulation. American Naturalist 132: 652-661.

WILLIS, E. O. 1979. A composição das comunidades de aves em matas remanescentes no sul do Brasil. Papéis Avulsos Zool., S. Paulo 33: 1-25.

WILLIS, E. O. 1992. Itirapina, São Paulo, Brasil (Contagem de Natal). American Birds

46(4): 1021.

WILLIS, E. O. 1993. Itirapina, São Paulo, Brasil (Contagem de Natal). American Birds 47(4): 995.

WILLIS, E. O. 1994. Itirapina, São Paulo, Brasil (Contagem de Natal). National Audubon Society, Field Notes 48(4): 879-880.

WILLIS, E. O. 1995. Itirapina,SãoPaulo , Brasil(ChristmasCount). National Audubon Society, Field Notes 49(4): 852-853.

WILLIS, E. O. 1996. Itirapina,SãoPaulo , Brasil(ChristmasCount). National Audubon Society, Field Notes, 50(4): 873.

WILLIS, E. O. 1997. Itirapina,SãoPaulo , Brasil(ChristmasCount). National Audubon Society, Field Notes, 51(2): 666-67.

WILLIS, E. O. 1998. Itirapina, São Paulo, Brasil (Contagem de Natal). American Birds 98: 565-566.

WILLIS, E. O. 1999. Itirapina, São Paulo, Brasil (Contagem de Natal). *American Birds 99*: 582.

WILLIS, E. O. 2000a. Itirapina, São Paulo, Brasil (Contagem de Natal). American Birds 100: 607.

WILLIS, E. O. 2000b. Classificação das avifaunas urbanas (Aves) por número de localidades por espécie em São Paulo, Brasil. *Iheringia*, ser. Zool. Zool., Porto Alegre (88): 139-146.

WILLIS, E. O. 2004. Aves de um espetro de habitat na savana de Itirapina, São Paulo

Paulo, Brasil (1982-2003). Brasil. J. Biol. 64(4): 901-910.

WILLIS, E. O. & ONIKI, Y. 2002. Aves de uma mata central de São Paulo: 1. Censos 1982-2000. Braz. J. Biol. 62(2): 197-210.

(5)

ANTUNES, A. Z. & E. O. WILLIS. 2005. A queima da cana-de-açúcar mata aves que fazem ninhos em tocas? Rüdolstadter nat. Hist. Schr. 13: 125-130.

CÂNDIDO-JÙNIOR, J. F. 1991. *Efeito de borda da mata sobre a composiçao da avifauna em mata residual em Rio Claro, São Paulo*. Dissertaçao de Mestrado: UNESP, Instituto de Biociências, Rio Claro, SP. 110 p.

CÂNDIDO-JÛNIOR, J. F. 2000. O efeito de borda em uma comunidade de aves florestais em Rio Claro, Estado de São Paulo, Brasil. *Ararajuba,* 8: 9-16.

GONDIM, M. J. C. 1995. *Dispersão de sementes de* Trichilia *sp. por aves, em uma mata mesófila semidecidua, no municipio de Rio Claro, SP*. Dissertaçao de Mestrado: UNESP, Instituto de Biociências, Rio Claro, SP. 97 p.

GUSSONI, C. O. A. 2007. Avifauna de cinco Iocalidades no município de Rio Claro, estado de São Paulo, Brasil. Atualidades Ornitológicas 136: 1-7.

WILLIS, E. O. 1979. A composição das comunidades de aves em matas remanescentes no sul do Brasil. Papéis Avulsos Zool. S. Paulo 33: 1-25.

WILLIS, E. O. 2003. Aves de um bosque de eucalipto no interior de São Paulo. Braz. J. Biol. 63: 141-158.

WILLIS, E. O. & Y. ONIKI. 2002. Aves de uma mata central de São Paulo: Censos 1982-2000. Braz. J. Biol. 62: 197-210.

WILLIS, E. O. & Y. ONIKI. 2002b. Aves de Santa Teresa, Espírito Santo, Brasil: O homem acrescenta ou subtrai espécies? Papéis Avulsos Zool., S. Paulo 42: 193-264.

WILLIS, E. O. & Y. ONIKI. 2003. *Aves do Estado de São Paulo*. Rio Claro, SP: Divisa. 398 p.

(6)

HARDIN, G. 1968. The tragedy of the commons (A tragédia dos comuns). *Science* 131(3409): 1292-1297.

MACARTHUR, R. H. & E. O. WILSON. 1967. *The theory of island biogeography*. Princeton, New Jersey: Princeton Univ. Press. 203 pp.

PULLIAM, R. 1988. Sources, sinks, and population regulation (Fontes, sumidouros e regulação da população). *American Natural.* 132: 652-661.

SIMBERLOFF, D. & J. COX. 1987. Consequências e custos dos corredores de conservação. *Cons. Biol.* 1: 63-71.

WILLIS, E. O.1974. Populações e extinções locais de aves na Ilha Barro Colorado, Panamá.

Ecol. Monog. 44: 153-169.

WILLIS, E. O. 1979. A composição das comunidades de aves em matas remanescentes no sul do Brasil. *Papéis Avulsos Zool., S. Paulo* 33: 1-25.

WILSON, E. O. & E. O. WILLIS. 1975. Biogeografia aplicada. Pp. 522-34. *In*: M. L. Cody & J. Diamond, eds. *Ecology and Evolution of Communities.* Cambridge, Massachusetts: Belknap Press da Universidade de Harvard.

(7)

BUMP, G., R. W. DARROW, F. C. EDMINSTER & M. F. CRISSEY. 1947. *The Ruffed Grouse: life history, propagation, management.* Departamento de Conservação do Estado de Nova Iorque.

GOODWIN, D. 1956. Care of the body surface - preening, bathing, dusting, and anting. *In*: H. P. W. Hutson (ed.) The Ornithologists' Guide. New York: Philosophical Library.

HEALY, W. M. & J. W. THOMAS. 1973. Effects of dusting on plumage of Japanese Quail. Wilson Bull. 85: 442-448.

HEIN, D. 1970. Locais de banho de poeira seleccionados por Ruffed Grouse. Wilson Bull. 82: 310314.

HOOPER, D. F. 1984. Snowbathing in January. Post Review, Hudson Bay, Sask., 18 de janeiro, p. 18.

KENNEDY, R. J. 1969. Sunbathing behaviour of birds. British Birds 62: 249-258.

SICK, H. 1959. A invasao da America Latina pelo pardal, *Passer domesticus* Linnaeus 1758, com referencia especial ao Brasil (Ploceidae, Aves). Bol. Mus. Nac. 207: 31 pp.

SUMMERS-SMITH, J. D. 1963. *The House Sparrow.* Grã-Bretanha: Collins ClearType Press, vxi + 269 pp.

VAN TYNE, J. & A. J. BERGER. 1976. *Fundamentals of Ornithology.* John Wiley & Sons Inc.

(8)

BUMP, G., R. W. DARROW, F. C. EDMINSTER & W. F. CRISSEY. 1947. *The Ruffed Grouse: life history, propagation, management.* Departamento de Conservação do Estado de Nova Iorque.

GOODWIN, D. 1956. Care of the body surface - preening, bathing, dusting, and anting. *In*: Hutson, H. P. W. Ornithologists Guide. Philosophical Library. New York.

HEALEY, W. M. & J. W. THOMAS. 1973. Effects of dusting on plumage of Japanese Quail. Wilson Bull. 82: 442-448.

HEIN, D. 1970. Locais de banho de poeira seleccionados por Ruffed Grouse. Wilson Bull. 82: 310314.

HOOPER, D. F. 1984. Snowbathing in January. Post Review, Hudson Bat, Sask, 18 de janeiro, p. 18.

KENNEDY, R. J. 1969. Sunbathing behaviour in birds. British Birds 62: 249-258.

LONDEI, T. 1986. Banho de neve do corvo de capuz *Corvus corone cornix*. Avocetta 10: 51-52.

ONIKI, Y. 1984. Comportamento e muda de uma jovem coruja-das-torres tropical (*Otus choliba*) em cativeiro. Avicul. Mag. 90(2): 104-108.

ONIKI, Y. 1991. O banho de areia em pardais: um mistério. Rev. Som, Minas Gerais (39): 11-12.

SIMMONS, K. E. L. 1963. Alguns caracteres comportamentais dos tagarelas (Timaliidae). Avicul. Mag. 69: 183-193.

SUMMERS-SMITH, J. D. 1963. *The House Sparrow*. Grã-Bretanha: Collins ClearType Press. xvi + 269 pp.

WILLIS, E. O. 1967. The behavior of Bicolored Antbirds. Univ. Calif. Publ. Zool. 79: 1-132.

WILLIS, E. O. 1973. The behavior of Ocellated Antbirds. Smiths. Contrs. To Zoology 144: 1-57.

WILLIS, E. O. 1979. Comportamento e ecologia da mae-de-taóca, *Phlegopsis nigromaculata* (DOrbigny & Lafresnaye) (Aves, Formicariidae). Rev. Brasil. Biol 39: 117-159.

MIX
Papier aus verantwortungsvollen Quellen
Paper from responsible sources
FSC® C105338

Printed by Books on Demand GmbH, Norderstedt / Germany